中公文庫

ドイツの犬はなぜ幸せか

犬の権利、人の義務

グレーフェ彧子

中央公論新社

目次

ドイツの犬はなぜ幸せか

犬の権利、人の義務

まえがき

この本は、ドイツの一匹の犬の日常生活をありのまま綴ったものです。愛犬ボニー自身が書いた手記という形をとっていますが、登場する犬や人物もすべて実在し、ストーリーもノンフィクションですすめました。

＊

「犬と子どもはドイツ人に育てさせろ」といわれるくらい、この国は犬の育て方が確かにしっかりしています。飼い主は、「ヘルヘン」とか「フラウヘン」（註）という、犬の視点からつけられた愛らしい名前で呼ばれる伝統がある一方、飼い犬には充分な餌だけでなく、愛情と運動を与え、きびしいしつけをする法律的義務も課せられます。

現在、世界で登録されている四百種余りにのぼる犬種の中でも、シェパード、ドーベルマン、シュナウツァー、ボクサー、ダックスフントなど、ドイツでは世界に誇る優秀な犬種を改良開発してきましたが、その背景には、ブリーダーたちが、犬の外見よりも気質を重視して長年繁殖に従事してきた事実も見逃せません。

そして一般の飼い主たちも、「犬のよし悪しは飼い主次第」という考え方が浸透しており、犬が人間社会で生活するに必要な基本的しつけに関しては、たとえば、むやみに排泄させないこと、人に怪我をさせないこと、無駄吠えさせないことなど、きびしく対応しますが、犬の手入れに関しては、たとえば、グルーミング（毛づくろい）の仕方、餌のやり方、家庭での犬の毛やにおいの対策などは、あまり重要視しておりません。

＊

しかし、ブリーダーや飼い主だけの努力ではなく、ドイツは犬にやさしい社会であり、自然によい犬が育つような環境が整っていることも事実です。犬がそれぞれの家族や社会の一員として受け入れられている様子は、ドイツに旅行した人ならすぐに目にする光景です。わが家のボニーも、それこそ一人前の人間のように、学校に通ったり、電車に乗ったり、レストランに出入りしたり、ホテルに泊まったり、客の接待をしたりします。こういうことは日本の一般家庭の犬にとってはまだ珍しいことかもしれませんが、こちらではふつうのことです。

ボニーは、とくに名犬といわれるようなエピソードを持っているわけでもなく、コンテストで一等をとったというような特別な犬でもありません。シェパードとコリーの雑種の雌犬で、ドイツではどこにでもいるような犬ですが、人を感動させたり、感心させたりする種はいくらでも持っています。もちろん長所ばかりでなく、さまざまな短所は家族を笑わせたり、怒らせたり、ハラハラさせたりもします。

このようなドイツの凡犬の暮らしをありのまま紹介することは、日本の読者には興味深いことだと思います。また笑いをもたらす日常生活の場面では、多くの犬の飼い主がきっと、「うちの犬とそっくり！」と親しみを感じてうなずいてくれると思います。

＊

犬を飼うには、経済的、時間的、そして精神的な余裕が必要です。日本は経済的には世界に誇る豊かな国ですから、それこそ血統書つきの高価な純血種や珍しい犬種を購入することも可能になりました。しかし、飼い主が時間的、精神的にゆとりがないために不幸になっている犬や、自由に散歩できない環境に置かれてフラストレーションを起こしている犬もたくさんいます。

「文化の程度がその国で飼われている犬を見ればわかる」という言葉を耳にしたこともあります。最近さかんになってきた極端ともいえる動物愛護運動を支持しているわけではありませんが、「犬も幸せに暮らせるような社会」は確かにその国の文化の尺度の一つになり得ると思います。

二〇〇〇年七月　ドイツ、ミュンヘンの郊外オットーブルンにて

グレーフェ彧子《あやこ》

（註）…ドイツでは、男性の飼い主を「Herrchen」といい、女性の飼い主を「Frauchen」といいます。それぞれ「Herr」（主人）と「Frau」（女主人）に縮小愛称語尾「-chen」をつけたもので、犬の立場から呼ぶ、大変便利な言葉です。「-chen」は、

「―ヒェン」としたほうがドイツ語の発音に近いかもしれませんが、この本の中では特に頻度の高い言葉ですし、「ヘルヒェン」、「フラウヒェン」と呼ぶよりも、「ヘルヘン」「フラウヘン」とした方がすっきりしますので、この書き方に統一しました。「メルヘン」や「ミュンヘン」という言葉がすでに日本語化していることも考慮に入れました。

著者

第一章　飼い主一家との出会い

私の名前は「ボニー」

一九八六年夏、南ドイツのキーム湖畔の村でシェパードとコリーの血をひいて生まれた私は、やがてミュンヘンの郊外にあるオットーブルンの今の育ての家族のもとにやってきた。そして到着したその日から私はみなの注目の的となった。「ボニー」というのが私の名前であることはすぐにわかった。あっちでもこっちでも「ボニー！」と呼ぶ声が聞こえる。大急ぎでとんで行くと、

「おりこうさんね。名前もすぐ覚えて！」

と、「ほうび」のドッグ・ビスケットがもらえた。ほめられるとしっぽをちぎれんばかりに振って喜ぶ私にさらに感激して、家族はことあるごとに私を呼んだ。「ボニー」という名前は、遠くからでも聞き取りやすい音だし、誰でも簡単に発音でき、しかも雌犬の私の雰囲気にピッタリだと、家族全員一致で決められたそうだ。

仲間の犬の名前には、「ヴィルヘルム・フォン・ホッフェンベルク」などと貴族をにおわせるものや、「ジンギスカン」、「ベートーベン」など、ちょっと大声で呼ぶわけにはい

かないタイプもある。

また「可愛い」という言葉も「ボニー」と同じくらい頻繁に聞こえてきたので、これは私の愛称かと思ったくらいだ。

歩いても、走っても「可愛い」と言われ、転びでもすれば「ころび方がまた可愛い！」といってはみないっせいに遠慮なく笑った。庭をかけずり回り、動くものは何にでもとびついたから、それこそしょっちゅう痛い目にあった。木の葉が舞い上がっただけでも夢中で追いかけた。

フラウヘン

自分の名前だけでなく、家族の呼び名を覚えることも別にむずかしいことではなかった。この国ドイツでは、男性の飼い主のことを「ヘルヘン」と呼び、女性の飼い主のほうは「フラウヘン」と呼ぶ。おのおの「ヘル」（主人）と「フラウ」（女主人）に縮小愛称語尾をつけた言葉であるが、犬が生活するには一番大切な人たちである。そして呼び名を覚えるだけでなく、家族の性質や癖、家庭内でのそれぞれの役割を見抜くことも大変重要なことである。

＊

私の「フラウヘン」は家族の中では、「ママ」だとか「アヤコ」だとか呼ばれているので、これらがみなフラウヘンの愛称だということは間もなくわかった。彼女は餌をくれる大事な人だった。見ていると、家族の他の人たちもフラウヘンから餌をもらっていた。フラウヘンは生みの母親代わりのような存在であることは、ここに着いたその日から直感している。

親元を離れてここで初めて過ごした夜は今でも忘れられない。生まれてはじめてのドライブや新しい環境ですっかり疲れてしまった私はぐっすり眠りこけたのだが、夜中に目をさますと母親がいない！　いつも重なり合って寝ていた兄弟もいない！　私は急に不安に襲われた。悲しく、寂しくなってクンクンないた。するとすぐにフラウヘンがとんできて、

「よし、よし」

といって、私を抱いてくれた。母親とは違ったにおいだが、抱かれると何となく肌の温かさで安心できた。ペロペロとなめてくれないのが物足りなかったが、その代わりやさしく頬ずりしてくれた。しばらくすると、またバスケットの中で眠るようにといってそっと毛布の上に下ろし台所のドアを閉めて出ていった。この毛布は兄や妹と引っ張り合いに使ってあちこちに穴が開いた見慣れたもので、生みの親兄弟のにおいがしみ込んでおり、それにくるまると少し安心でき再び眠りにおちいった。

しばらくしてまた目がさめるとやはり寂しさに堪えかねてクンクンないた。するとまたフラウヘンがやってきてやさしく抱いて慰めてくれた。彼女の鼻先をなめてみた。母親の鼻はいつも冷たく濡れていたが、彼女の鼻はカラカラに乾いているうえ小さくて、いかにも貧弱で頼りなかった。それでも落ち着いた静かな息を感じて安心した。その夜は何度と

なくないては彼女を呼んだ。

＊

もともと好奇心の強い私は、見るもの、聞くもの、嗅ぐもの、すべてが珍しく、日中はあっという間に過ぎてしまったが、何の変化もない夜中は大変長く感じ、この家に来てからの二、三日は、夜中に目が覚めるたびにないてはフラウヘンを何度も起こした。彼女の寝室は二階にあるのだが、私が慣れるまでは階下の部屋で寝ていたらしく、呼ぶといつでもすぐにとんできてやさしい声をかけて抱いてくれた。クンクンなくとすぐに聞きつけてくれるところや、お腹がすくと餌をくれるあたりは、どことなく母親に似ている。

私はそれ以来この「フラウヘン」を「母親」と決め、いつもくっついて回った。そして彼女が、ずれた絨毯を引っ張ってまっすぐに直したりする時は、すばやくその上にのったし、掃こうとすれば、箒の先にじゃれた。また集めたゴミの山にも必ず腰を下ろした。家人の行動に常に参加したいと願うのは私だけではなさそうで、仲間の中には、あまり頻繁に「どけ！」、「どけ！」といわれたので、「ドケ」というのも、自分の呼び名かと思ったという犬さえいる。

家の中だけでなく、フラウヘンがちょっと庭に出る時も遅れをとらないようにとび出した。新聞や郵便を取りに行く時、ゴミを捨てに行く時、洗濯ものを干す時などもいつもそばにいて、前足や鼻先でいろいろ手伝った。ほかの家人は留守にすることも多かったが、フラウヘンは私のように家の番をしていることのほうが多かった。

生後6週間でグレーフェ家の一員となる

私がこの家に来る前の彼女は、動物はみな臭いし、汚いし、とくに犬は人を咬む怖いものであるという偏見を持っていたそうだ。これは、フラウヘンが子供の頃にあまり犬と密接に生活しなかったための一種の食わず嫌いだが、それも私が来てからは大の犬好きになってしまったそうだ。その変身ぶりがあまりにも極端で、家族の中ではよく笑い話になっているが、これは私の影響力がいかに大きいかを示す私の自慢話の一つでもある。フラウヘンは心の底から私を可愛いがってくれたので、彼女がかつて犬嫌いだったとはとても信じられないことである。

しかし、時がたつにつれて、彼女は犬に関して全く無知だということもわかってきた。だからもしフラウヘンだけに育てられていたら、過保護の結果、私はどんなわがままな不良犬になったか知れない。

ヘルヘン

ドイツには愛犬家が多い。私の「ヘルヘン」も大の犬好きである。子供の時にコッカー・スパニエルと一緒に暮らしていたこともあって、犬の心をよく見ていた。ヘルヘン自身は、本当はもっと前から犬が飼いたかったのだが、犬嫌いのフラウヘンが大反対で、今まで「おあずけ」になっていたのだそうだ。それに、

「世話をしたり、散歩に行ってくれると約束してくれるのなら飼ってもいいわよ」

と、フラウヘンにいわれると、うかつに約束はできないと思っていたらしい。「パパ」または「フォルカー」と呼ばれているヘルヘンは、家族の中でいちばん背が高く、そのうえ、かがんだりするのが嫌いな人なので、仔犬の頃はとび上がってもせいぜい膝小僧の辺までしか届かなかった。彼に抱いてもらった覚えはほとんどなく、もっぱら足元にまつわりついて遊んでいた。ヘルヘンのズボンの裾などは目の前でヒラヒラするので、すぐにとびついてじゃれた。彼の大きな靴や毛皮のスリッパもちょうど動く獲物のように見えて格好の遊び相手だった。私は喰いついてじゃれながら、どの程度の高いところから落ちると痛いかということ、どの程度きつく咬むと叱られて振り払われるかということもだんだんわかってきた。

＊

好奇心に任せて家中どこへでもついて行く私だが、各部屋にドアがついているので、家人にぴったりとくっついて敏速に行動しないとうっかり締め出しをくらったり、閉じ込められたりする。地下室などはとくに気をつけないといけない。ヘルヘンがワインを取りに行ったり、ボイラー室の調節に行く時など、めったに入れないこういう地下室の部屋では、さすがに私も隅々の点検に夢中になって、彼について出るのがワンテンポ遅れてしまうと、しばらく暗がりに閉じ込められてしまうことになる。これがフラウヘンだと、私が充分点検を終えるまで待っていてくれるのだが、ヘルヘンはさっさと出ていってしまうので、こちらのほうで彼の行動を気をつけていないと置いてきぼりにされる。

またフラウヘンは私を叱る時はきまって長々とお説教をするのだが、ヘルヘンはただひと言「ナイン！」（ダメ！）というだけで何となく彼には逆らえない雰囲気が漂っている。フラウヘンが生みの母親そっくりのように、ヘルヘンは多分父親に似ているに違いない。私の場合は父親の記憶はほとんどないが、ヘルヘンがいわゆる犬の群れの長「アルファ犬」に相当する地位にあることは、私はほとんど本能的に見抜いた。

クラウディア

何と言っても私の大好きな遊び相手は「クラウディア」と呼ばれる女の子だった。家族の中で最年少のクラウディアは当時十四歳で、私と追いかけっこをしたり、とび跳ねたり、かくれんぼをしたりして遊んでくれた。だいたい芝生や絨毯に寝転んで私と同じ高さまで下りてきて対等に遊んでくれるのは、家族の中でも彼女だけだった。

この年令層のドイツの女の子は一度は馬に惚れ込むそうだが、クラウディアもその例にもれず乗馬に凝っており、本当は馬が飼いたかったのだが、犬で我慢することになったそうだ。その代わり私を馬式に訓練し、障害物などを並べてジャンプの練習もつんだ。私が上手にとび越えると、

「馬のよう！」

と家族から拍手喝采を受け、障害物もろとも転ぶと、可愛いと歓声が上がった。馬をはじめとして動物好きの彼女は犬との付き合い方も上手で、私のしつけもかなりきびしい代わりに、いちばん長い、しかも変化に富んだ散歩に連れていってくれるのもクラウディアだった。もしこの家にクラウディアがいなかったら、私はずいぶん退屈な生活を送ることになったと思う。犬にとっては、散歩に連れていってくれる人や、遊び相手になってくれる人は、餌をくれる人と同じくらい、いや時にはそれ以上に大切な人たちである。

オーミ

いちばんの年長者はお祖母さんだった。彼女はみなに「オーミ」と呼ばれ、二世帯住宅造りの一方、つまり二階の一角にある独立したアパートに住んでいた。私はどちらの住まいにも自由に出入りが許された。家族の中でいちばん私を甘やかしてくれたのがオーミである。

ねだると肉でもチョコレートでも何でもくれた。他の人たちは、ねだり癖がつくといけないといって全く相手にしてくれない食事時、オーミは私がそばに寄っていくだけで、喜んで自分のお皿のものを分けてくれた。また私の乳歯で手の甲に傷がついて血がにじんだ時も、

「仔犬の乳歯は刃物のように尖っているからしょうがないわね。そのうちに丸くなるでしょう」

といって理解を示してくれた。オーミは、自分は子供の時からドーベルマンやコッカー・スパニエルを育てた大の犬通だと、毎日私を見るたびに繰り返していたとおり、犬のことをよく知っていたので、私は密かに尊敬もしていた。

ただし、私が喜んでオーミにとびつくと、他の人からいっせいに大声で叱られた。数人が同時に声を揃えて怒るとさすがに迫力があって足がすくんだ。家人なら誰にとびついても叱られなかったのに、オーミにだけは、どうしてとびついてはいけないのだろうと不思議に思っていたが、高齢者はとかく足が不安定で転ぶといけないのだということは、だいぶ後になってからわかった。ただし当本人のオーミは、私が跳びついて一瞬フラフラすることがあっても、決して叱るようなことはなかった。それどころか、

「何もボニーを叱る必要はありませんよ。私が倒れるとでも思っているの！」

といって、いつも私の肩を持ってくれるだけでなく、負けず嫌いの彼女はそのたびに、ジャンと背筋を伸ばして見せた。

我が輩は人間!?

私はこのように家族の愛情と注目を一身に集め、次第に血を分けたキーム湖畔のキーミング村の親兄弟のことを忘れて、この育ての家族を自分の身内と信じるようになった。一九八六年の初秋のことで、私は生後六週間あまりの仔犬であった。

＊

仔犬が親元を離れて飼い主のところにもらわれていくいちばんよい時期については、いろいろと研究が進んでいる。だいたいの仔犬の離乳期が生後六週間目くらいからはじまるので、その後ならばいつでもよいように昔は考えられていたが、生態研究が進むにつれて、実は生後八週間から十二週間位の間が、仔犬の「社会化の時期」といわれる事実から、この時期をうまく利用して仔犬を親兄弟から離して飼い主のところに連れてくるのがいちばんよいという意見が今では一般的である。

この時期を逸して飼い主のところに来る時期が遅くなると、人間たちになじみにくい犬になって、飼い主との信頼関係を確立するのにも時間がかかるといわれる。反対にあまり早い時期に飼い主に引き取られると、人間とはうまくやっていけるが、親や兄弟から学ぶ犬同士の作法がきちんと身についておらず、後になって他犬とうまくやっていけなくなるといわれる。

もちろん犬種に遺伝する先天的な性質や、それぞれの犬の持つ個性もおおいに関係する

仔犬の頃は、何にでも飛びついて遊んだ。クラウディアと

し、特に生後から離乳期までを一緒に過ごすブリーダーの接し方も影響する。当然のことながら仔犬は母犬の真似をして育つから、母犬が人に絶対の信頼感を抱いていれば仔犬も人に対して同じような親近感を抱くようになる。

しかし一般に、飼い主のところに早く来れば、犬は「吾輩は人間である！」と思い込んで生活する傾向が強くなるし、遅ければ、「吾輩は犬である！」という自覚で生涯を送ることになるらしい。飼い主に忠誠を尽くした犬の美談は枚挙にいとまがないが、その多くのケースは、早い時期、つまり生後六週間前に飼い主のところに来た犬が多いという人さえいる。

＊

私の場合は、理想的な生後八週間目が

ちょうどヘルヘンの長期海外出張の時期と重なり、それならば遅くなるよりもかえって早い方がよかろうといわれ、ぜひとも忠犬に育てたいという願いも込められて、六週間目に当たる九月の始め、兄や妹よりも一足先に親元を離れることになった。

後になって、私のさまざまな長所や短所はこの親兄弟と別れた時期によるのではないかと、折にふれ家族の間では話題になっている。果してそれだけに原因があるかどうかはわからないが、正直言って私は、「吾輩は人間！」の組に属する。実際犬たちと一緒にいるよりも、人間たちと一緒にいる方がストレスも少ないし、安心してくつろいでいられる。

第二章　しつけはこうしてはじまった

「ナイン！」

本格的なしつけやトレーニングは、ふつう生後八ヵ月頃からはじめれば充分であるが、人間と共に屋内で生活するための最低のルールやタブーは初めからはっきりさせる必要があるといわれ、まもなくしつけがはじまった。そして自分の呼び名の次に頻繁に耳に入ってきたのが「ナイン！」という言葉であった。

「ナイン！」は「ダメ！」とか「いけない」という意味で、その反対に「ブラーブ」は「よしよし」とか「いい子、いい子」という意味である。だいたいはその声の調子でほめられたか叱られたかがわかった。庭で遊んでいる時は、あまりほめられることもない代わりに叱られることも少ないが、家の中に入るとことあるごとに「ナイン」の連続だった。

トイレのしつけ

まず第一はトイレのしつけであった。毎晩台所の床に水たまりをつくっていた頃でも、日中は見張りつきで時々居間に入ることが許された。台所の床は、勢いがつくと後ろ足を濡らすこともあり、かねて気持の悪い思いをしていた。居間の絨毯、それも厚手のペルシャ絨毯は特に水分をよく吸い込むので、居間に入れてもらった機会をつかんで、素早くおしっこをする術を覚えた。すると大声で「ナイン！」と叱られた。

初めは何がいけないのかトンと見当がつかなかったのだが、私がちょっとしゃがむ姿勢を取るが早いか、「ナイン！」という声と共に誰かがとんできて私を庭に運び出した。とくに大騒ぎとなったのが「大」の時だった。私がグルグルと一回か二回まわったり、うずくまるような格好をしたり、また背中でも丸くしようものならば、その気配を感じてすぐに家人は私を庭に連れ出したものだ。発見が遅れた時は、直接叱られはしなかったが、フラウヘンが私をわざわざ呼んで、見ている前で不機嫌な顔つきをして小山を片付けていた。ある時、地下室なら外に準ずるところかなと思って小山を残してみたが、やはりここもタブーであることがわかった。生後三ヵ月頃には、家の中ではいっさい用を足してはいけないこと、我慢できなくなったら、出口のドアの前に座って家人に知らせれば、ドアを開けて外に出してくれることがわかった。

＊

仔犬のしつけの本には、さまざまなトリックを使ったトイレのしつけ方が書かれているが、人間たちと共に屋内で生活をするには、まず第一に覚えなければならない規則の一つであろう。町の中のマンションに住んでいるワイヤーヘヤードのダックスフントの話によると、彼の場合は部屋の方々に敷いてある新聞紙の中で、ある日自分の尿のにおいのついている新聞紙に用を足したらオーバーなくらいほめられて、おいしいドッグ・ビスケットがたくさんもらえたそうだ。初めは気がつかなかったが、床の上に直接用を足すと叱られたのに、新聞紙の上で用を足すと必ずほうびがもらえることがわかった。そこで、尿意＝新聞紙＝ビスケットの連想がやがて確立して、新聞紙を探して用を足すようになった。

新聞紙は居間の中でもだんだんバルコニーに近いところに移され、ある日この「ポータブルトイレ」の新聞紙はバルコニーに移動した。そこで彼は尿意をもよおすと、バルコニーのドアの前に立ち、家人がドアを開けてくれるようになった。バルコニーには犬用のトイレが作ってあった。このしつけは始めてから一週間足らずで覚えたということだ。

仔犬の飼い主同士が会うと必ず「愛犬のトイレ成功の秘訣談」に花が咲く。飼い主はいかにも自分の手柄のような話し方をするが、実はこれは犬が先天的にそなえている能力の応用にすぎない。

「内」と「外」の区別

私たちは生まれたばかりの時は母親になめてもらって刺激されないと排泄しないが、しばらくして歩けるようになる頃には、尿意をもよおすと巣穴の外に出るようになる。誰でも自分の家を汚したくないので、住み家を出て外で用を足すことを自然に覚えるものである。だから「内」と「外」の区別がつくようにさえなれば簡単なことである。

私も初めは「内」という概念はバスケットに限られていたが、やがて屋内は全部「内」、庭は「外」という概念を持つようになった。自分の家の庭も「内」という感覚を固持している隣村のベロは絶対に自分の家の庭は汚さず、わざわざ垣根をとび越えて隣の家で用を足して戻ってくるそうで、それが隣の主人との喧嘩の種となっている。

生後十二週目頃から不退転のしつけをほどこせば、呑み込みの早い犬で二日目に、遅い犬でも三週間後には排泄のコントロールができるといわれている。とくに大切なことは、一度漏らした場所は、もしそこが不適当な場所であるならば、すぐに洗い落とし、においを中和するスプレーか酢で消してもらいたい。というのは、誰でも尿のにおいがついているところでは用を足してもよいと思うし、ましてや他の犬のにおいがついているところは、つい自分の名刺も残したくなる本能があるからである。

外ならばどこでも用を足してもよいかというとそうではない。犬の糞を知らずに踏んづけてしまった時などは、誰でも不愉快な思いをする。私だってよその犬の糞はもちろんのこと、自分のさえも踏まないように気をつけて歩く。私たちははっきりと教えてもらえさえすれば、排泄に適当な場所かどうかの見分けは、かなり早くつくようになる。

まずコンクリートの道路上や、公園のじゃり道など、みなが歩くところは排泄のタブー地域だとわかる。どうしても我慢できなくて、排泄してしまったこともももちろんあるが、そんな時は決まって大声で叱られ、ガサガサと紙やビニール袋を出して糞の始末に時間をとった。

その代わり、道路から離れた、誰も行かないような茂みの陰は排泄が許されることがわかってきた。散歩の途中にそんな場所がみつかれば、私はさっそくとび込んでいって、大の用を足すことにしている。うちの庭でも、芝刈り機や人が歩きまわる芝生の上はタブーで、雑草の生えているコーナーがトイレ用と決められているが、緊急を要する時や雪が降ったりして境がはっきりしない時は、いろいろと言い訳をつけてルーズになる。

しかしだいたいは、自分も歩いたり、遊び回るような所では、誰でも自然に排泄を避けるようになるものである。だから、トイレとして使用しても人の迷惑にならないような雑草のある緑地に規則的に散歩に連れていってもらいたいものだ。

＊

犬と猫が昔から世界中でペットの王座を占めているのも、トイレのしつけができるので、屋内で人間たちと一緒に生活できるからである。家には、私が来る前からウサギとモルモットがいた。家族ぐるみでお付き合いしているガイスト一家が日本に数年間引っ越すことになり、ウサギとモルモットは連れていけないからと、譲り受けたものだそうだ。二匹はふだんは外の小屋の中で飼われており、庭に放される時もサークルの中に入れられた。

初めは仔犬の私でさえ怖かったらしく、なかなか近づかせてもらえなかったのだが、ぜひとも友達になりたいと願っていた私は、できるだけ自分の身体を小さく見せて、クンクンと友好の情を表して接するうちに次第に相手も慣れてきた。私が来てから、にわかに動物好きになったフラウヘンは、犬が自由に動き回っているのに、ウサギたちはいつも小さな囲いの中では退屈だろうと、時々彼らを地下室に放して、私と一緒に遊ばせてくれるようになり、私は彼らの背中をなめて愛撫することさえできるようになった。それにしても、私は粗相するとすぐに家人に叱られたのに、彼らは糞を床にポロポロ落としても叱られたことがない。

「ボニー、おまえばかりを叱るみたいだけど、おまえはちゃんと教えれば覚えられるからなんだよ。ウサちゃんたちは、いくら叱っても部屋の中に糞をしてしまうし、コードなんかも嚙みちぎってしまうし、しつけができないんだよ。でも聞き分けのいいおまえはそれだけたくさんの自由が得られるから、結局幸せなんだよ」

と、叱られる私のほうが幸せだという説明だった。

好奇心

私の好奇心は限りなく、何でも触ったり、なめたり、においを嗅いだりして点検した。家の中では紙屑籠をひっくりかえしたり、トイレット・ペーパーのロールを引っ張ってかけずり回ったり、面白いものを見つけるのは得意中の得意だった。そのたびに「ナイン！」が飛んできた。

「ボニー、いいかい。家の中でまず面白いものは全部タブーだと思いなさい」

ヘルヘンがそんなふうに教えてくれたが、確かに室内で面白そうなものは、全部禁止されているといってもいい過ぎではない。ある日フラウヘンのにおいのしみ込んだ靴を玄関から取ってきて、しゃぶったり、咬んだりしていたら、そこにフラウヘンがやってきても

のすごい勢いで怒った。そんなことがあってから数日後、彼女は、

「この靴は片方をボニーが咬んでしまったんでもう履けないから、両方ともボニーのおもちゃにしてやるわ」

などと甘いことをいって私のおもちゃ箱に入れてくれた。おもちゃ箱といっても、廃物利用で、昔飼っていたハムスターの籠を逆さにしただけのものだが、そこには、テニスの古ボールの他に古スリッパや靴下、骨や薪などが入っていて、私が自由にとって咬んだり、振り回しても怒られないものがたくさん貯めてあった。ふだんはそこに新しいおもちゃが加わると、それを真っ先に口にくわえるので、

「クラウディアの小さい時にそっくり！」

とフラウヘンにいわれては、

「また、私との比較がはじまった！」

とクラウディアのご機嫌を損ねていたものだ。今回そのおもちゃ箱にこのフラウヘンの靴が加わったのである！

ところが、叱られたことを覚えている私は、他のおもちゃを取る時でも、絶対にその靴には触れないように気をつけた。

「ボニーはなかなか物わかりがいい。だけど、一度叱った靴をおもちゃにするのはよくない。ボニーは何がタブーで何がおもちゃかわからなくなるよ」

とヘルヘンがいった。そして、この靴はおもちゃ箱から姿を消した。私はわずらわしい

ものが箱からなくなって気が楽になった。

掃除機で遊ぶ

確かに、「いけない」といわれたり「よし」といわれたりして、どちらかはっきりしていない時は判断に迷う。しかし最初に一度でも許可された事はしっかりと覚えていて、その後いくら禁止されても、だいたいは私の勝ちとなった。電気掃除機がそのいい例だ。

犬仲間には電気掃除機を怖がって、しっぽを巻いて逃げて行くものもいると聞くが、たいていの仲間はこの機械は面白い遊び相手だという意見だ。長いしっぽをつけて、大きなうなり声を上げて床を練り歩く得体の知れない怪物だが、私はいつも「ワンワン、キャンキャン」と吠え立てて一緒に遊ばせてもらう。フラウヘンがこの怪物を納戸から出してくると、スイッチをつけるまでが待ち遠しい。そこで「ワン!」と吠えて催促するとフラウヘンは、

「しょうがないわね。これはおもちゃじゃないのよ」

といいながらスイッチを入れる。すると「ブー」とうなり声をあげる。私は同時に床のあちこちに動く一本足にじゃれる。そうすると「ブー、ワン、キャン」が家中に響き渡り、みなが集まってきて面白がって大笑いだ。そのうちにフラウヘンが、

「ちっとも掃除ができないじゃないの。ダメよ。ボニー!」

とブツブツいうが、私はそんな声は無視する。こんな面白いものはそうすぐには諦めら

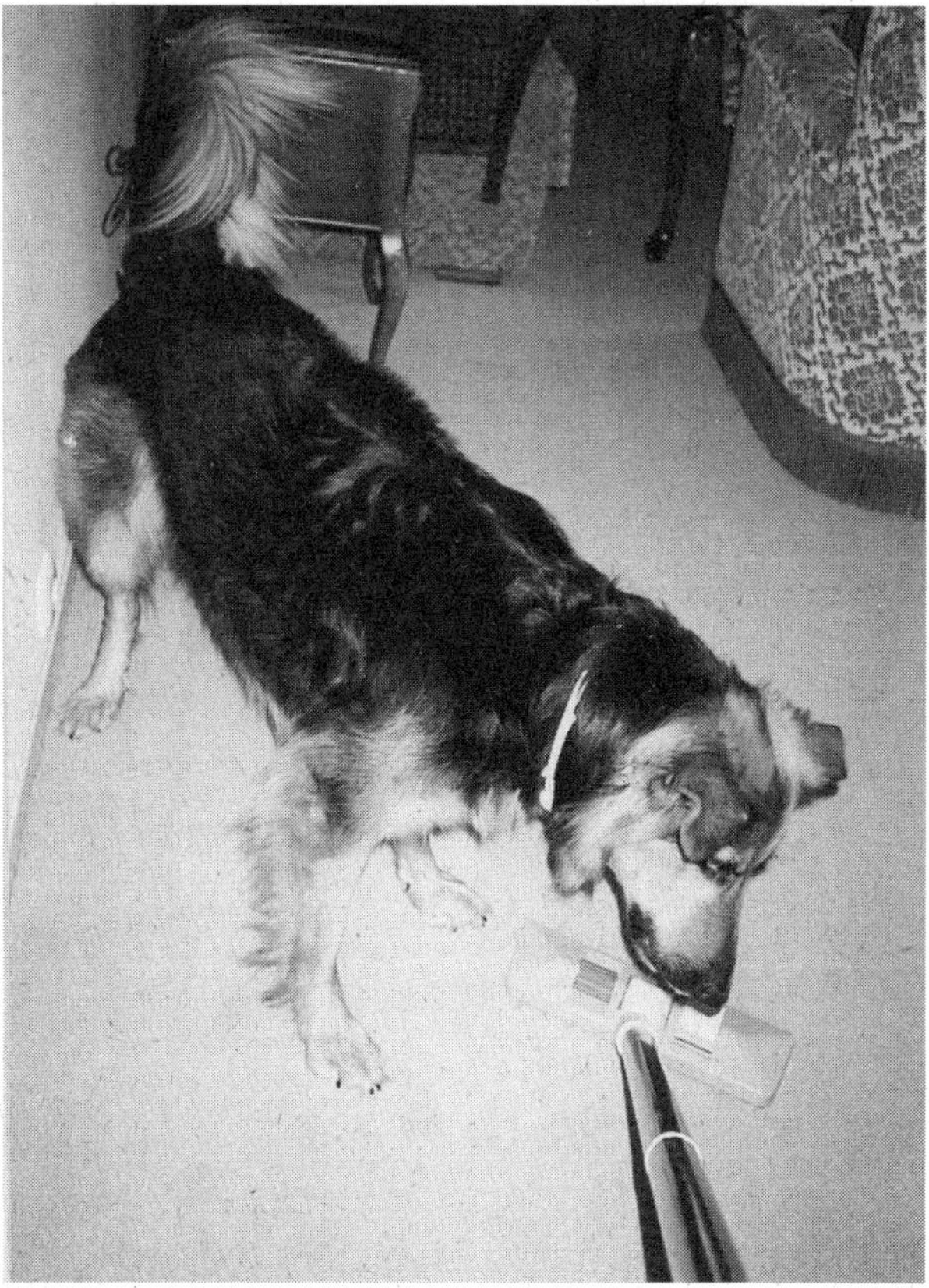

掃除機の一本足にじゃれてはフラウヘンを困らせた

れない。

「もう、スイッチを切るわよ」

フラウヘンはそういって溜め息をつく。掃除機は力の抜けたうなり声を出して止まる。私はまだ遊び足りないから、掃除機の胴体に前足をかけて二、三度鼻声を出して「遊び」に誘う。その動作がそこに集まったみなの同情を誘う。

「仕方がないわね。これが最後よ」

フラウヘンはそういいながら、再びスイッチを入れて怪物を動かしてくれる。しばらく遊んだ後、今度ははっきりとした大きな低い声で、

「これで、お・し・ま・い！」

という。その言葉は家人が充分に私と遊んでくれた後などによく聞く言葉で、「これで遊びは本当に終りですよ！」という意味なのでやめないといけない。しかし私は、フラウヘンが電気掃除機を出してくると、とにかくひと遊びしないと絶対にいうことを聞かない習慣を獲得した。その結果この掃除機は私の歯の跡だらけになってしまった。

＊

ある日大きな荷物が配達された。私は荷物でも箱でもハンドバッグでも、誰かが中を開けるような時は必ずそばについていて、鼻を押し付けて真っ先に中をのぞくのが趣味だった。フラウヘンが段ボールをあけると、真新しい掃除機が出てきた。お掃除のおばさんが、

「三階の部屋を掃除するのに、地下室から掃除機を運んでいくのですか」

と、もっともな苦情を訴えたので、掃除機をもう一台買うことになったそうだ。新しい機械はミーレというメーカーのもので、前のジーメンスの掃除機よりは一回り大きいが、私はにおいと形ですぐにこれは掃除機の仲間だとわかり、「ブー」となるのを待っていた。

「ボニー。これは、ナイン！　わかった？　このミーレの掃除機はおもちゃではないのよ」

と、初めからきびしい表情で遊びを禁止されてしまった。同じような格好なので同じように遊んでもらえると思って期待したが、新しい掃除機とは一度も遊ばせてもらえなかった。掃除機の前で前足を揃えてお尻を高くしてしっぽを振っただけで、

「ボニー、ナイン！」

ときっぱりといわれた。新しい掃除機の方がやはりほこりをよく吸うので、フラウヘンはもっぱらミーレばかり使っていたのだが、

「新しい掃除機で遊べないのはかわいそうだ。古いのも時々使ってやらなくては」

とヘルヘンは理解があり、古い掃除機のジーメンス君の方も、時々納戸から出てきて、私の相手をしてくれる。しかし新しいミーレ君がうなり声をたてて床を這い回る間は、私はそばに座ってじっとおとなしくしている。

私たちは一度獲得した権利は失わないように必死に守ろうとするが、一度も与えられなかった権利の方は諦めることも早い。

第三章　縄張りの拡張

バスケットからソファへ

私は最初のうちは粗相するからという理由で、夜は台所のバスケットの中でしか寝ることを許されなかった。フラウヘンは私をバスケットの毛布の上にそっと下ろし、

「ボニーちゃん、おやすみなさい」

と、やさしく頬ずりしてくれるものの、その後バタンと台所のドアが閉まった。生後三ヵ月頃、トイレのほうは一晩中我慢できるようになったので、台所のドアは夜中も開放されて、一階の部屋ならばどこでも好きなところに寝てもよいことになった。そこであちこち探索してみると、台所のバスケットはかなり奥に引っ込んでいて見張りがきかず、ここで寝ていたのでは、家で起こることを半分以上見過ごしてしまいそうである。代わりに見つけたのが玄関先のフラウヘンの部屋にあるソファである。

ここは家の中で一番交通の激しい十字路である階段の間のすぐ横にあるので、家人の動きが一目瞭然だった。らせん階段を見ていれば、誰が上に行くか、いつ下に降りてくるかすぐにわかったし、台所だけでなく居間、ダイニング・ルーム、玄関の出入りの様子もも

れなくつかめた。それに前庭に面していたから、外から入ってくる人もすばやくキャッチできる最高の場所であった。

「まあ、ボニーが私の部屋のソファをわがもの顔で占領してるわ。禁じるべきでしょうけど、考えてみればここを選んだというのは、なかなか頭がいいわね」

フラウヘンは叱っていいのかほめていいのかわからなかったようだ。

「確かに台所のバスケットよりも、ここのソファのほうが見張りがきくね。犬というものは、自分で一番理想的な、落ち着ける場所を上手に見つけるものだよ」

ヘルヘンがもの知り顔でそうつけ足した。

「本当だわ。ここにいれば、家で何が起こってもすぐに探知できるわ。外も見えるし、番犬には持ってこいの場所ね」

ということで、結果として私の選択眼が高く評価され、他の部屋のソファには前足をかけることさえ禁じられていたのだが、このフラウヘンの部屋のソファだけは例外として許されることになった。私は当然という顔で押しとおしたものの、まずほっとした。

二階へ進出

それでもまだ二階に上がることは許されなかった。仔犬で足取りも不安定なうちは、階段から落ちると危ないからという理由だったが、大きくなって足の動きがしっかりしてからも、上の階は寝室だから、衛生上、犬の出入りは禁止というフラウヘンの考えらしかった。私は、夜、みなが二階の寝室に引き上げるのを見送る時は、とくに悲しそうな顔をした。

「ホラ、しっぽがダラリと垂れて、かわいそう！」

クラウディアが、真っ先に同情した。

「子供と一緒にベッドにも入れてもらえない犬は不幸な犬だとここに書いてあるわ」

などと、分厚い犬の本を持ってきてフラウヘンを説得しはじめた。そしてやがて、

「上の階にある子供部屋には入ってもいいことにしよう」

というクラウディアの提案が通って、私は二階に上がることができた。でも、フラウヘンは、

「パパとママの寝室はダメよ！」

と、きびしくそんなことをいっていたが、私は二階に上がれるようになって取りあえず満足していた。

「ボニー、ママは昔、何ていってたか知ってる？　犬というものは外で飼うものだなんて主張していたんだよ。ママが生まれた日本では、大型犬はだいたい外で飼うものなんですって。でもおまえが来ることになってからは、外で飼うなんてかわいそうだといって、それでも地下室の階段の下がいいとかで、そこをせっせと掃除して犬のバスケットを置いて準備してたけど、小さなおまえが着いた途端、せめて台所に寝かせてやらなくてはかわいそうだということになったのよ」

と、クラウディアが私に話してくれた。

「ね、ボニーちゃん。もう少しの辛抱よ。そのうちにママはきっと負けて、おまえは二階のどこでも入れるようになるからね」

クラウディアがそんなふうに私を力づけた。

「そうだね、これはどうもボニーに勝ち目がありそうだ。結局、地下室に始まったのが、台所に上がって、ママの仕事部屋へ移り、そして一階から二階へと、ボニーの縄張りもここ数ヵ月でずいぶん広がってきているよ！」

ヘルヘンも笑いながら客観的に成り行きを見ていた。

フラウヘンの着替え室へ

奥の寝室と着替え室はアーチで隣接しており、着替え室と廊下の間はガラス扉と敷居がついている。扉が開けてあっても、それ以上、中には入れないことになっていた。私はフラウヘンが着替えたり化粧したりする間、外でおとなしく待っていた。境界線というものを見分ける能力はあったし、それを尊重する気持ちも充分あった。しかし禁じられているものは、何とも言えない魅力がある。禁じられているからこそ入ってみたいという気持ちになるのは、犬だけではない。私はその敷居のところにペッタリと顎をくっつけて、鼻先だけちょっと敷居の中に出して、においを嗅いでみた。気のせいかかすかに違ったにおいがした。

「ちゃんと、ここが限界だということはわかっているのね。おりこうさん」

お化粧を終えたフラウヘンはそういって出てくると、私の頭を撫でてほめてくれた。ほめられればやはり嬉しい。しかし彼女は着替え室に入るとなかなか出てこないので、ある日、待ちくたびれた私は、右足を少し敷居の中に入れ、左足は折り曲げてたたんでおいた。フラウヘンは何もいわなかった。そして次の日は、両足を三分の二ばかり中に入れて、おとなしく待っていた。

「ママはちっとも気がついていないけど、ボニーはとうとう両足を敷居の中に入れるところまで成功しているよ」

ヘルヘンとクラウディアは、こそこそ話しながら、いつ私が勝ちになるかを面白がって待っているようだった。私はこうやって少しずつ身体の一部を着替え室の中に入れるのに成功し、ある日、フラウヘンが洋服の選択に夢中になって、何枚もの洋服を着たり脱いだりしている時に、脱ぎ捨てた洋服のにおいを嗅ぎがてら、つい近くまで入り込んでしまった。その代わりできるだけ小さく身体を丸めて、目立たないようにおとなしくしていた。

姿見と向かい合って奮闘していたフラウヘンは、

「あら、ボニー！　いつのまに入ってきたの？」

と、びっくりして振り返った。私は追い出されるかと思って上目づかいに見上げると、フラウヘンの顔が半分笑っているので、伏せたままの姿勢を崩さず、しっぽでバタンバタンと床を叩いてみた。

「別におまえが汚すわけでもないし、そんなにこの部屋に入りたいなら……」

私はついに着替え室に入る権利を獲得した。ここまで来れば続きになっている寝室に入るのはいとも簡単だった。そして今では、フラウヘンの合図でヘルヘンの寝ているベッドサイドにとび上がって、彼の顔をペロペロなめて「おはよう」というのが日課の一つになってしまった。ヘルヘンはそんな時、奇声を上げながらもけっこう嬉しそうである。子供時代にコッカー・スパニエルと一緒に寝ていたというヘルヘンは、

「小さなスパニエルが、最初こそノソノソと遠慮しながらベッドの脇にもぐり込むのだが、夜中に目が覚めてみると、犬が堂々と真ん中に寝て、主人の僕は端の方に押されて……」

と、懐かしそうに昔の愛犬の話をすることがある。ヘルヘンのほうは最初から、私が寝室どころかベッドに入ることさえ何とも思っていなかったようである。私もクラウディアのベッドには一緒に入れてもらえたので、初めのうちこそ喜んで一緒に寝たものだが、だんだん身体が大きくなるにつれ彼女のベッドでは窮屈になり、今は結局、階下の例のソファか、本当に疲れている時は、充分身体をのばすことのできる床の上にじかに寝ることにしている。

家の中はどこへでも

世の中には、犬は屋外で飼うものだと決めている人たちも少なくない。しかし「犬は外、人は中」という別居生活をしていると、互いに理解の仕方も中途半端になる。家族の生活

は半分くらいしかわからないし、私たち犬の生活や性質も一部分しか家族に理解してもらえない。私はそういう別居組に同情せざるを得ない。

最近は、フラウヘンが目を覚ましたらしいかすかな音さえ聞きわけることができるようになったので、起きた気配がするとすぐに二階にとんで行って、着替え室のガラス扉をノックすることにしている。ガリガリとドアを引っ掻くとどなられるだけでなく、ドアも開けてくれないが、静かにカタンと前足で催促すると、速やかに戸があく。目覚まし時計のリーン、フラウヘンの伸びをしながらのあくび、歯ブラシのきしむ音、ヘルヘンが電気かみそりに顔面をなめさせる時の音など、昔は一体何の音だろうと不思議に思っていたことも今はそのなぞが解けて満足である。

＊

フラウヘンの友達に、ウエスト・ハイトランド・ホワイト・テリアという白い小型犬を飼っている人がいる。ダックスフントの後で流行犬として急速に出世した犬種だが、はやる前に買ったのだそうで、この頃あちこちで飼われるようになり、珍しさがなくなって残念だといっていた。フラウヘンはよくその先輩から犬の話を聞いてくる。このチェリーという名のテリアも二階の寝室に上がらせてもらえないのだそうだ。テリアは家族のみなが二階の寝室に引き上げると、自分のバスケットに入って朝までおとなしく下で待つことになっている。

ところが、夜になって家族が寝静まると、トコトコと二階に上がって行き、空いているベッドの上をピョンピョンとび回り、二階をひと回りパトロールして戻ってくるのだそうだ。チェリーのとび回った跡がベッドのふとんのへこみ具合いや、落ちている毛などで明らかなので、家族はみなとっくにチェリーの行動に気がついていたが、毎朝このテリアが必ず階段のいちばん下の段に遠慮深そうに前足をかけて、最初に降りてくる家人を迎えて、

「やっと降りてきたの。私は一晩中、下で我慢して待っていたのよ」

といわんばかりに、クークーとなくのをみると夜の素行を叱るわけにもいかないそうだ。

＊

人はたかが犬だと思っているかもしれないが、私たちはみな、れっきとした家族の一員だと思っている。そして私たちは従順に行動しながらも、時々智恵を働かせて、自分たちの意志を押しとおすところがあり、案外そんな犬の性質がかえって飼い主たちに気に入られている面でもある。私たちにしても、その辺をチャーミングにやりこなすことはなかなかむずかしい。

第四章　雨上がりの散歩

戸外へダッシュ

「雨が上がったみたいだから、これから散歩にいって来ようかしら」

階下でフラウヘンの声がした。私はヘルヘンのコンピューターの部屋で居眠りをはじめたところだが、「散歩」という言葉でパッと目が覚めると、階段を滑べり落ちんばかりに降りて玄関に走り出た。

「あら、よく聞こえたわね」

フラウヘンは笑いながら引き紐を首輪につけた。私はもう興奮してじっとしていられない。グルグルと回り、ジャンプして、クークーとないた。フラウヘンがコートを着る間も待てない。そして戸が開いたら一刻も早く外に出られるように、ドアの開く方に鼻をつけて用意した。私の鼻の高さのところがすでに黒ずんでいる。戸が少しでも開けば私は鼻で押し開ける。

雨上がりの前庭を紐をグイグイ引っ張って門のところに行く。力いっぱい引っ張るので首が絞まり苦しくなるが、それでも門の戸にとびあがる。本気になればこれくらいとび越えられる高さだが、まだとび越えたことはない。

やっと戸が開いて道路に踊り出る。車道をはさんで向い側が公園になっているが、車が来ないことを確かめて渡る。公園に入るとやっとそこで紐がカチリとはずされ、私は一気に走り出す。毎日繰り返すことであるが、とにかくここまでは、どうしても急がずにいられない。走らずにいられない。

友犬バルーとヴルシュテル

公園は右回りと左回りがあり、フラウヘンがどちら回りにするかは日によって違うので、別れ道まで行くとどちらに行くかを確かめるために振り向く。買い物籠を持っている時はたいてい右回りで、持っていない時は左回りが多いが、当てがはずれることもある。今日は左回りだろうと思っていたらその通りだった。方角が決まれば一本道になっているから、フラウヘンを待たずにどんどん先に行っても大丈夫だ。

ふと見ると、向こうから大きな犬が走ってくる。大きさといい走り方といいバルーに違いない。私は大喜びで走り寄っていった。鼻を突き合わせて挨拶した後、一歩下がって腰を高くあげて「遊ぼう」と言ってみた。バルーも両足をそろえてしっぽを振り、「オーケー」といったかと思うと猛スピードでかけ出した。私はその後を一目散に追いかけた。バルーのフラウヘンと家のフラウヘンが握手をして挨拶をし、並んで歩き出したのを確かめて、私たちは公園で鬼ごっこをしてしばらく遊ぶことにした。

バルーは私よりも一回り大きい雄犬で足が速いのでなかなか追いつけないが、それがまた面白い。年は私とほぼ同じ年で、やはり遊びざかりなので私たちはよく気が合う。公園の先に野原があり、今度はバルーが私を追いかけたり、一緒に転がったりしながら心行くまで遊んだ。追いかけたり、追いかけられたりの役、ひっくり返ったり、ひっくり返したりの役も、気が合った同士だからうまく交替する。ただ草の上を走りまわる音だけで、ひと言も発しない。互いに休み休み遊びまわるから、自転車で遠出をした時のようにハアハアと舌を出してあえぐようなこともない。

「こうやって、運動してくれたら、もう他のところに散歩に行かずにすむから助かるわ」

「犬はやっぱり犬同士で遊ぶのが最高ね」

「いくら何でも、あんなふうに転げ回って遊んでやることは、私たちには無理ですものね」

「じゃ、今日はお客さまがあるからこれで失礼。またね」

バルーのフラウヘンがそういって、口笛を吹いてバルーを呼び寄せると、彼もよくいうことを聞いて彼のフラウヘンと一緒に来た道を引き返して行った。私はまだ遊び足りなかったのだが、ちょうどいい具合に反対側の入り口から、ヴルシュテルが入って来た。私はさっそく挨拶をしに寄って行った。ヴルシュテルは三軒へだてたところの老夫婦が飼っているプードル系の雑種でやはり雄犬だ。近所の犬の仲間は圧倒的に雄が多い。

私は早速また両足を前に出して、しっぽを高く振りながら遊びに誘った。しかし、このヴルシュテルはお愛想にちょっとしっぽを振ったが、今しがたまでここにいたバルーのに

仲よしの犬たちと遊べるので、散歩は楽しい

おいを追跡しているようで、私のほうには興味がない。私は二度、三度、彼の前で右に左にジャンプして前かがみで待った。しかし彼はやはり相手にしてくれない。そこへかなり遅れて彼のヘルヘンが引き紐をジャラジャラならしながらやってきた。

「ボニーは、見る見るうちに大きくなるね」

ヴルシュテルのヘルヘンは私の頭を撫でてそういった。ここに来た当時は、このヴルシュテルがかなり大きな犬に見えたが、少したつと私も同じくらいの背になった。この頃は私のほうがぐんと大きくなったようだ。私が一生懸命になって遊ぼうといっているのに、何とも愛想のない態度を見て、

「ボニー、ヴルシュテルはもうおじいさ

んなんで、遊びの相手はしてあげられないんだよ」

と、彼のヘルヘンが私の背中をポンポンと軽く叩いた。ヴルシュテルは、そういえばちっとも私と遊んでくれないが、その代わりこのヘルヘンの方はいつも私に目をかけてくれる。

「ボニー、ヴルシュテルは遊びたくないのよ。だからあまりしつこくしちゃだめよ。さあ、行きましょう」

フラウヘンはそういって先に歩き出した。私も大急ぎで後を追った。

ちょっと怖い犬

フラウヘンの先になったり後になったりして走りながら、公園の裏通りに出た。その時、横丁からハアハアといいながら、引き紐を引っ張って太った犬が出てきた。私よりもひと回り大きなシェパードだ。紐にひきずられるように歩いてきた、やはり太り気味のおばさんがやや上ずった声で、

「坊や？　嬢や？　どっち？」

とフラウヘンに聞いてきた。

「おんなのこです」

フラウヘンが答えた。

「うちのも雌や。じゃ、気をつけなくちゃいかん」

彼女はそういって革紐を引いたが、シェパードは荒々しい息をしながら私のほうにグングン寄ってきた。私はフラウヘンの足元にピタリとくっついて、片目でシェパードを見ながら無事に通過した。

「お宅のいぬっこはおりこうさんやね。引き紐なしでもちゃんとフラウリについて……」

おばさんはバイエルンのなまりでそう言うと、感心したように私を見た。フラウヘンは苦笑いをしていた。私はおりこうさんでもなんでもなく、ただちょっと怖かったからフラウヘンの横に隠れて歩いたまでのことだ。ただし、通り過ぎた後は直ちに振り返り、シェパードの通ったあたりのにおいをそっと確かめに行くことだけは忘れなかった。角地の家の外壁に染み込んでいるにおいと一致した。それにしても今日はまた、よく犬に出会う日だと思った。

「やっと雨が上がったんで、みんな犬を連れて出てきたのね」

フラウヘンも同じことを考えていたらしい。確かに雨あがりに外に出ると近所の犬によく会う。この辺の住宅街は今日のような曇天の日曜日の午後などは、犬を連れた人くらいしか歩いていない。


濡れた犬は臭い！

小雨がまたパラパラ降って来た。フラウヘンは家のほうに方向転換して歩き出した。私は急いで後を追った。家よりもさらに遠い方向に歩いて行くような時は、とび上がって喜ぶ私であるが、家に帰る方向だとわかっても、素直に従う。通り過ぎた生け垣の中で犬がワンワン吠えはじめた。私たちの歩く方向に沿ってガサガサ音をさせて走りながら吠えているようだが、茂った生け垣の後ろなので犬の姿は見えない。吠える声がかなり高音だから小型犬であろう。私は耳を後ろに寝かせて、フラウヘンの先をスタスタと小走りにかけた。

曲り角のところでフォックス・テリアのマックスに出会った。マクシミリアン一世という長い名前だが、飼い主はマックスと呼んでいる。彼に会ったのは久し振りだ。私を見るとマックスのフラウヘンは引き紐を解いてくれた。私たちはしばらく一緒に遊んだが、彼は近くに仲間のにおいを発見したのか、街路樹に向けて勢いよく後ろ足を上げた。一滴も出てこなかった。それでも次の木株のところに来ると、また諦めずに片足を上げていた。小雨が大降りになりそうな気配なのでそのまま別れることになり、私たちはそれぞれの引き紐につながれてしまった。私はすばやく目先にたれている革紐を見つけてじゃれた。フラウヘンが、「ナイン」と言ったのも聞こえないかのように、「ウー、ウー」とうなってしっぽを振りながら紐に喰いついて格闘をはじめた。

「うちのマックスにそっくり。犬はどうして引き紐にじゃれたがるのかしら」

マックスの飼い主がそういって笑った。よその犬が飼い主のいうことをきかないのを見ると、誰でも少しほっとするようだ。

「ボニー、ナイン！」

クラウディアはよく遊んでくれるだけでなく、
しつけもきびしかった。「お手」のけいこ

フラウヘンの声がとがってきた。引き紐にじゃれ出すとなかなか止められない。次の瞬間、

「スワレ！」

と命令が飛んできた。私は濡れた地面にお尻をつけると気持ちが悪いので、中腰にしゃがんですまそうとした。

「ス・ワ・レ！」

そんなに大きな声を出さなくても聞こえるのにフラウヘンはそうどなると、私はいやおうなく肩を抑えられてそこに座らされた。そんなやり取りで結局引き紐にじゃれることは忘れてしまって、その後はおとなしく小雨の中を家に帰った。天気に恵まれなかったので今日は遠出はできなかったが、そのわりには大勢の仲間に会えて面白い散歩だった。帰るとフラウヘンが玄関のところで、雑巾で私の背中と四本の足を拭いてくれたが、居間の絨毯の上でもう一度ブルブルと身体を震わせて毛についている残りの水気を振るい落とした。そして新聞を読んでいたヘルヘンに、

「ただいま！」

といって膝の上に乗ってペロリと顔をなめた。

「ヒェー。濡れた犬は臭い！」

それでもかまわず、私はヘルヘンの顔をもう二度、三度なめた。コンピューターの部屋に座っている時はヘルヘンの邪魔をすると叱られるが、居間で新聞を読んでいる時は、こ

れは仕事ではないからとび上がってキスしても叱られない。私も散歩から帰ってくると、何ともいえない満足感がある。私はヘルヘンの足元に仔犬なりにドッシリと腰を下ろした。庭を見るといつのまにか大雨になっていた。

第五章　食いしん坊がエライ！

食事時の勘

何といっても生まれつき食いしん坊の私は、食べることが最大の関心事だった。仔犬の頃は「仔犬用ベビー・フード」という缶詰が主食だった。とくに仔犬の成長に必要なビタミン、ミネラル、カルシウムなどが消化しやすい形で調理されたものだということで、「ブリーダーにも好評」との宣伝に乗せられたフラウヘンはそのベビー用ドッグ・フードを一日三度くれた。

「ボニー、ごはんですよ！」

と呼ぶ声は快い響きを持って、庭の隅にいても聞こえてきた。そのうちに声がかからなくても食事時に合わせて台所にやってきて、きちんと座って待つようになった。

「食事だということがよくわかったわね」

と彼女は感心していた。別に感心するほどのことでもない。フラウヘンが食事の用意をする順序はいつも同じで、まず戸棚を開けて缶詰を取り出す。それから床の隅にある私の餌用の容器を取ってブラシとお湯を使って洗う。それから缶切りで開けると中身をスプー

ンで容器に移して、それから、

「ボニー、ごはんですよ！」

と呼ぶ。

だからドッグ・フードが入っている戸棚の戸が開く特殊な音が聞こえると食事の用意がはじまることを知った。パブロフの条件反射だといえば科学的にさえ聞こえる。

＊

家族が食卓を囲む時は、いくらねだっても何もくれないが、台所では残り物をくれることがちょいちょい重なったので、私はまもなくそれを当てにして、食後は直ちに台所に移動することにした。フラウヘンはクラウディアと話をしながら食器を皿洗い機に入れたり、残り物を冷蔵庫にしまったりする。そのうちに「ボニーにやろうかな」とフラウヘンが考えているのがすぐわかるようになったので、トコトコとそばに寄っていってお座りをすると、

「どうして、私の考えていることがわかるのかしら。犬は第六感が働くというけど本当にそうみたい」

フラウヘンはさも不思議そうにいうが、これもどうということはない。彼女は残りものを密閉容器に入れ替えたり、ゴミ箱に捨てたりする時は、少しも躊躇せずにスプーンを使って手早く移し替えるのだが、「ボニーにやろうかな」と考えているような時は残り物のお皿をちょっと見て手をのばし、指先で肉の切れ端をつまみあげる。そして「ボニー」と

呼んで、「お座り」だとか「お手」だとかの芸をやらされた挙げ句、ごほうびとしてその小さな肉の切れ端をくれる。いつもそういう順序なのだ。

もらえるか、もらえないかの境目は残りものを観察する目つきと、眉の些細な動きでわかる。もらえることがわかれば、私は直ちに一歩進み出るのだが、フラウヘンは頭の中だけでそう決めたと思っているだけらしい。人の表情を細かく見ていれば、これから何をするのかすぐにわかる。第六感などという神秘的なものではない。

＊

現在、犬の祖先としては「狼説」が一番有力視されているが、その狼たちは仲間同士のコミュニケーションに複雑なボディー・ランゲージを駆使している。その鋭い観察力を貰い受けた犬たちに比べると、人間は言葉によるコミュニケーションに頼っているせいか、かなり無表情な動物ではあるが、それでも表情や動作を観察するとかなり正確なメッセージが読み取れる。特に食べ物がからんでいれば、私たちの観察力は一層鋭くなる。私のような凡犬でも飼い主を驚かすくらいは朝飯前だ。人間の日常生活は実に繰り返しのパターンが多いから、ふつうに観察していれば一連の行動は簡単に見抜ける。

有名な「賢いハンス」という馬の話は、動物の能力を過大評価する人にはよい警告となっている。これは馬が計算ができるという話なのである。今世紀初めのこと、ハンスと呼ばれる馬は、「三プラス五は？」と調教師が問いかけると、直ちにひづめでコツコツと八回床を叩いて答えたと言う。「四かける四は？」との問いにも、正確に十六回、ひづめで床を叩いた。観衆は拍手をおしまなかった。そこで一躍有名になった馬のハンスの話を聞いて、ちょっとおかしいと思った科学者が、馬を暗やみにつれていって同じように、「二かける三は？」と問いかけたところ、馬はひづめで床を打ち続けて止まなかったという話である。つまり、馬は計算ができたのではなく、ひづめで床を叩きはじめ、正しい答えの数までくると、「できた！」とか「やった！」というような観衆や調教師の表情や反応を見て、足を止めたまでの話である。だから暗やみでは、そういう反応が見えないので失敗した。

盗み食い

仔犬の頃は、ダイニング・テーブルも台所の調理台も高くて届かなかったので、においだけで我慢していたが、そのうちに身体が大きくなると、そこにのっている食べ物が見えて手が届くようになった。見つかった時は即座に叱られたが、このように自分で見つけた食べ物は最高においしかったので、なかなかその癖は直らなかった。

ある時いつものように調理台の上の肉の切れ端をパクリとやったら、ものすごく辛く、舌や唇がピリピリした。そのうえくしゃみが出て仕方がなかった。

「それごらんなさい。盗み食いをすると罰があたりますよ」

とクラウディアに叱られた。彼女のアイディアで肉に芥子と胡椒とタバスコをたっぷり振りかけて苦い経験をさせるための落し穴だったらしい。しかし私はそれでつまみ食いの癖が直ったわけではなく、少し注意深くなっただけだ。つまり食べる前に一度においをかいでチェックすることを覚えた。それまでは何でもかまわず呑み込む癖があったので、包装紙や布の切れ端、ボタンなど何でも口に入れてしまっていた。何でも鵜呑みにせずににおいを嗅ぐようになったのは進歩といえば進歩だが、においを嗅いでいるところを、

「ボニー、ダメ！」

といわれるようになり、こちらが食べようかなと思う前に禁止されるとさすがに盗み食いはできなくなった。こういうことの繰り返しで、今ではどんなにうまそうな焼き肉が調理台にのっていても、勝手に取って食べることはしなくなった。

＊

しかし、ある日フラウヘンはスープ用の骨つき肉をグツグツ煮た後、鍋から出し、調理台に置いた。あきらかに私用だ！　いくら丈夫な歯の持ち主でも、人間では歯がたたない大きなすねの骨がくっついていて、熱々の湯気をたて、食欲を誘うにおいを漂わせていた。こういう骨つきは時々もらっていたので、その香りはもうなじみのものである。やがて食べられそうな温度になったのだが、ちょうど運悪く電話がかかってきて、フラウヘンは受話器を持って玄関口の椅子に腰掛けてしまった。これは長電話になるとわかった。そこで私はどうせ私用なのだからとセルフサービスでその骨を頂戴した。

「今日ここに置いておいた骨つき肉がなくなっているけど、ボニーが取ったのだろうか。でもひょっとすると、クラウディアが気をきかしてボニーにやったのかと思い、叱るのは

控えたけど……」

「ううん。そんなの知らない」

「じゃ、やっぱりボニーだわ。ずーっと盗み食いをしたことがないのに急に盗むなんて変ね」

「ボニーは、これは自分用にとってあるものだと知っているから、食べる権利があると思ったんだろう」

「きっとそうよ。その証拠に横に置いてあったハムの方は取らなかったから」

「でも、いくらボニー用でも調理台から勝手に取るのは禁じる必要があるわ」

ということでいっさいセルフサービスが禁じられてしまった。私は私なりのモラルを守って、家人のハムには手を出さず自分の骨だけを失敬したのに、それがわかってもやはりダメだということらしい。それでもすべてに素直な私は、いくら自分の餌がテーブルや調理台に放り出してあっても、勝手にとることはしなくなった。ただし、家人がそれを忘れたのか、おあずけなのか、くれない時は、必死になって催促する術は身につけた。

餌の催促

ドイツでは、仔犬の餌は一日三回に分けて与え、生後六ヵ月頃は一日二回、一年たって成長も止ると一日一回のみ、老犬になったらまた数回に分けて与えるというのがだいたいの標準のようである。狼の生態研究から、これがいちばん犬らしい食事法だそうである。

人間に完全に依存して生活する犬たちは、人との意思の伝達を上手にしないと、それこそ命にかかわる。

ある月曜日の午後、私はクラウディアと自転車で遠出の散歩に出てかなりはげしい運動をしてきたので、お腹もペコペコだった。その後クラウディアもフラウヘンも出かけてしまった。七時の夕食になっても帰ってこない。

「そうだ、ヘルヘンに催促してみよう」

私はグーグーなる胃袋に我慢できなくなって、居間でいつものように新聞を広げているヘルヘンの腕に冷たい鼻先をくっつけてクンクンと鼻声でないた。

「どうした？　ボニー」

私は台所のほうに小走りに走って振り向いた。

「ボニー、何だい？」

私はもう一度ヘルヘンのところに戻ると、クルリと向きを変えて、また台所の方に走った。ヘルヘンはやっとソファから重い腰を上げてついてきた。私は走っては振り返り、振り返っては走りながら彼を上手に台所に導き、床に置いてある餌の容器の前でお座りをした。するとヘルヘンがはじめてそこで左腕を挙げて腕時計を見た。

「アッそう！　ボニー、ごはんの時間かい？　そういえば、七時になったら餌をやってくれとフラウヘンにいわれていたっけ」

ヘルヘンはドッグ・フードの缶詰を出してきて、慣れない手つきで開けると大きなスプーンで三回ばかりすくって容器に入れた。私はそれを数秒でたいらげた。

「もう食べちゃった⁉」

ヘルヘンは私の食べるスピードに驚いたような声を出した。フラウヘンはふだんはもっとたくさんくれるので、物足りない私はそこに座ったまま動かなかった。ヘルヘンはどうも私の食べる分量や速度を知らないらしい。犬に関しての知識が豊富なはずの彼だが、日常生活でいちばん大切な餌に関する知識はゼロであることがわかった。

「もっと、ほしいのかい？」

彼は笑いながらまた少し缶から出してくれた。私はそれもすばやくたいらげた。私の食べっぷりがいいので少しずつすくい、結局一缶分なくなった。私はやっと満足して、くしゃみを二、三回しながら台所を出た。空腹から満腹になる快感は野生の狼の実感であろうと思う。

＊

その夜遅く帰ったフラウヘンに、ヘルヘンが待ってましたとばかり真っ先に私の話をしだした。

「ボニーはちゃんと食事の時間を知ってるみたい。僕は忘れていたのだが、七時になったら催促にくるんだよ。そしてどうするかと思ってたら、ちゃんと僕を台所に案内するんだ」

「そうよ。ボニーはかなり正確な腹時計を持っているみたい」

ヘルヘンとフラウヘンは、いかに私が頭のよい犬かと感心しているようだったが、食事の時間を察知することくらいは牛や鶏でも正確にやってのける。私よりも正確な体内時計を持っている動物は自然界にたくさんいる。私にいわせると、高等動物の中で時計がなかったら一時間でも平気で間違える動物は人間だけである。牛なども、朝起きる時間、乳をしぼる時間、餌の時間など、一分もまちがえずに正確に知っている。だからサマー・タイムのように人が勝手に時間をずらしたりする変な習慣はやめてもらいたい。

「それはそうと、僕はどれくらいの量をやっていいかわからないんで、初めに缶の三分の一ほどやったら、ボニーはいかにも少ないという顔つきなんだ。結局あの缶全部たいらげたけど、いいのかい？　あのドッグ・フードは、八百二十グラムと書いてあるけど、毎日そんなにたくさん食べるのかい？　昔のスパニエルはもっと少なかったみたいだよ」

小さなコッカー・スパニエルと一緒にしてもらっては困ると私は思った。

ガツガツと

日中はおやつや訓練のほうびとしてもらえるビスケットが少しずつ口を楽しませてくれることはあるが、お腹いっぱいに食べられるのは夕方一回だけだ。大体ドッグ・フードの缶詰が主食だが、よく、生の肉、レバー、卵、バナナ、ハム、チーズ、残り物の肉や野菜、ジャガイモ、御飯などをソースと一緒にミックスしてくれる。

フラウヘンが、あれやこれやと少しずつ手を加えてくれると、今日は何が入っているのだろうと期待も大きく、混ぜ合わせている手つきやにおいはおおいに食欲をそそられるので私は舌なめずりをして待っている。こういう真剣な瞬間はしっぽも振らず、フラウヘンの手が動く方に私の首もついて動く。

健康な犬はいつもお腹をすかしているといわれるものの、最近の犬族は概して贅沢に育っているのが多いから、好き嫌いをいったり、食が細いと飼い主を心配させる犬も出てきているし、ゆっくり、ゆっくり休みながら食べる仲間もめずらしくない。私は八百二十グラムのドッグ・フードは、食器がピカピカになるまでなめ回す時間を入れても、二分足らずで片づけてしまう。「犬はガツガツと一気に食べるがよし」といわれているが、私の食べっぷりはまさに犬のお手本にちがいない。

＊

私は食物に関してはその場で全部片づけてしまうから、残したり、後に取っておくという癖はいっさいないが、多くの仲間は、とくに食べきれない骨などを庭の隅に穴を掘って埋めている。これは、狼の時代に食料を保存していた知恵を本能的に伝えるものだそうだ。ただし、狼が自分で埋めた肉や骨を掘り返すことができるのに対して、犬は埋めたことを忘れるケースが多いといわれる。

知人の家のヴァスコは、もう何度もコンテストで賞を獲得したという父親を持つ誇り高いダックスフントであるが、彼も庭に骨を貯蔵する時は前脚と鼻先を使ってたいへん念入りに穴を掘り、大事な骨を埋めると、また丁寧に土をかぶせ、その上細かい砂まで上にばらまいてできるだけ目立たないように細工する。

ところが特に貯金を下ろす必要にも迫られないヴァスコは、やがてその宝庫の存在は忘れてしまうのだが、たまたま近所の犬がその穴のあたりをうろつくと、急に思い出したのか、その宝庫の砂の上に座り込み、歯をむき出しにして防御体勢に入るという。

＊

しかし食べ物だけ充分与えられたら、それで犬は幸せになるかというとそうでもない。いくらステーキをどっさりもらえても、散歩や運動に連れていってもらえず、遊び相手にもなってくれない飼い主の犬は不幸である。

ある犬の本に「食べ物よりも散歩のほうを優先する犬がよい犬である」などと書かれてあったので、家で次のようなテストをされた。私が夕飯を食べている最中にわざわざやってきて、

「ボニー、さあ散歩にいこう！」

というのだ。私が餌をそこに残して散歩に行く意思を示すだろうかという実験なのだが、果して、私はそれを聞くと、食べるスピードを猛烈に速めて、それこそガブガブと音をたてて全部呑み込むと急いで玄関にとんで行く。家人は大笑いだ。大体こういう意地悪なテストはクラウディアかヘルヘンがする。フラウヘンは私を困らせるこういうことはできない人である。

ウサギとモルモットは、庭ではサークルの中にはなされた。私は
ぜひとも仲よしになりたいと願い、できるだけ自分を小さく見せた

第六章　犬と子供の相性

追いかける

ある日の午後、フラウヘンとクラウディアと一緒に出かけた帰りに、向いの公園の遊園地のそばを通った。天気のよい日で、滑り台やブランコで遊ぶ子供を見守りながら母親たちは近くのベンチに腰をかけておしゃべりをしていた。

ちょうど誰かが投げたボールが私の行く先に転がって出てきた。私はちょっとためらいながらボールのほうに近寄ったところ、そのボールを拾いにきた男の子が私の姿を見ると途端に逃げるようにかけ出した。私はその瞬間何も考えずに、目の前で突然走り出したその男の子を小走りで追いかけた。すると男の子はギャーと泣き出して、その途端に転んでしまった。私はその場で追いかけるのをやめたが、フラウヘンは大声で私を呼び止め、首輪の付け根を引っ張ってまず私を叱った。

「すみません。うちの犬は咬みつくことはしませんからご安心下さい。ただ、お宅の坊やが走り出したので後を追いかけちゃったんです」

フラウヘンは男の子の母親に謝った。彼女は男の子を抱き上げると、

「もし咬みついたらどうしてくれますか。人を怖がらせるような犬は引き紐につないで歩くべきです！」

と、泣きわめく子をあやしながら興奮を隠しきれずに、フラウヘンに怒ってそういった。

＊

この件はフラウヘンにはよほどのショックを与えたらしく、家に帰った後もこの話でもちきりになった。

「犬を飼うって大変なことなのね。ボニーがもしあの男の子に咬みついたら、どうなったかしらと思うとぞっとするわ。あのお母さんのいうように、引き紐なしで連れて歩くのは無責任かも知れないわね」

とフラウヘンは溜め息をもらした。

「いや、これはしつけの問題だ。ボニーをいつも紐につないで連れて歩いたら、いつまでたっても子供の後を追いかけてはいけないことがわからない犬になってしまうよ」

ヘルヘンは別の意見だ。

「だって子供の立場にたってごらんなさい。こんな大きな犬が近づいてきたら、やっぱり恐ろしいから逃げてしまうのは当然だと思うわ」

フラウヘンは昔、犬が怖かったから、犬の怖い子に同情した。

「あの子が走らなくなったら、ボニーはもう追いかけなかったじゃない。相手が止まれば犬も止まるわよ」

クラウディアもどうも私の味方らしい。

「それはそうだけど、ボニーだって子供を無闇に追いかけたりして怖がらせてはいけないわ」

フラウヘンは私のほうを睨みながらそういった。

「走るものを追いかけるというのは犬の本能だけど、それだってしつけでやめさせることはできるわよ」

クラウディアが専門家らしい口振りでいった。

「しつけるといってもよその家の子供を犠牲にしてしつけるなんてできないわよ」

フラウヘンはやはり心配そうだ。

「だからこそ、まだ本気で咬みつくことのない仔犬の時に、さまざまな経験をさせながら、そういうことを教えなければいけない」

ヘルヘンは意見を変えない。

「それに、そのお母さんこそ子供に、『犬が寄ってきたら走って逃げてはいけない』ということを教えるべきだ。ちょうどいい機会だったじゃないか」

私は「そうだ！　そうだ！」とヘルヘンに賛成した。

「そうよ。ボニーは坊やに怪我をさせたわけでもないし、ママはすみませんと謝っていたけど、ちっとも謝ることなんかないと思ったわ。本当に気の毒なのは、あの坊やの方よ。だってああいう母親に育てられたら、一生犬は恐ろしいものだという先入観を持ってしまうわ」

クラウディアもなかなかいいことをいう。犬を飼って以来、クラウディアが一段と大人になったとフラウヘンがいっていたが、多分クラウディアのこんな点をほめているのだろうと思った。

＊

仔犬の時期にいろいろな人たちと接触があったのは、私の視野を広めるだけでなく、嗅覚やその他の感覚を発達させることに役立った。男性、女性、ドイツ人、外国人、大人、老人、子供、それこそさまざまな人たちと付き合った。ただし子供といってもクラウディアくらいの年齢以上の子供のことで、私は小さな子供や赤ちゃんと遊ぶチャンスがほとんどなかったので、ずーっと後になっても幼児や乳児といわれるタイプはどうも苦手だった。

犬仲間には、子供たちなら知らない子でも何とも思わないし、何をされてもいいなりになってやるという忍耐強い犬もいるが、私はいまだによく知っている子供以外、一般の小さな子供族はどうも好きになれない。子供のやることはすべて遊びで、本気になってかまえなくてもいいということが理屈でわかっていても、なかなか身につかなかった。

子供の扱いのむずかしさはその極端さにある。ちょっとそばに寄って行っただけでもキャーっと大声を出して逃げたりする怖がり屋がいるかと思うと、一度も会ったこともないのに馴れ馴れしく寄ってきて、頭や背中を撫でたり、時には後ろからとびついたり、馬乗りになったりする怖いもの知らずもいる。

咬む真似

そういえば、こんなこともあった。家の前の道は行き止まりになっていてその先に幼稚園がある。フラウヘンは買い物の帰り、園児を迎えにきた知人に会い、道の真ん中でおしゃべりをはじめた。

するとその奥さんの子供が寄ってきて、いきなり私の頭を撫ではじめた。私はクルリと向きを変えてその手を避けたが、それでもやめずに、今度は両手でパタパタと私の背中を軽くたたき始め、全身で抱きかかえるようによりかかってきた。私は痛いわけではないが見知らぬ子に馴れ馴れしく身体を触られることに、我慢ができなくなって、空中に向けてパクッと咬む真似をして威嚇したら、その子はびっくりして遠のいた。ほんの数秒の出来事だった。

「ボニー、ナイン！」

フラウヘンにまず叱られた。

「お宅の犬は咬むんですか？」

びっくりして、その奥さんがフラウヘンに聞いた。

「本気に咬みついたことはありませんけれど、咬む真似をする悪い癖があるので、それを叱っているのですが……」

その奥さんはやはり危険を感じてか、早々に話を切り上げて別れていった。フラウヘンは何とも後味の悪さを隠せなかったようだ。

「はじめて会ったのに、ママの知合いだからとか、その子供だからというだけでニコニコしなきゃならないなんて、子供だっていやなのよ。犬がいやがるのも無理はないわ」

その話を聞いてクラウディアがまず私の肩を持った。

「人間でも犬でも、親しくなるまでは、控えめに接するのが礼儀というものだよ。いきなり撫でたり、抱いたりされたら誰でも気分を害するに決まっている」

とヘルヘンも私の気持ちを察してくれている。犬を無闇に擬人化するのは一般に非科学的だと批判されやすいが、犬に接する場合、犬だと思わず、人間だと思って接した方がうまく行くことが多いというのはヘルヘンの持論である。その後もこのような子供相手の小さなトラブルは何度も起こり、そのたびにフラウヘンをヒヤヒヤさせ、ヘルヘンとクラウディアは依然として「犬も子供もしつける以外に方法はない」という態度を変えなかった。

子供に教えてほしいこと

犬が人間社会に同居するからには両方とも、子供の時から自然に交わりながら互いに知り合うのがいちばんよい。ドイツでも、昔は飼い犬や野良犬が放し飼いにされており、子供たちも毎日の生活の中で自然に犬のことを知るようになったものだ。このように昔は自然の環境から学んだことも、最近は、幼稚園や学校で教材として教え込まなければならない傾向が出てきた。残念なことだが、犬を飼っていない家庭の子供たちのためにも、ぜひ知っておいてもらいたいことを挙げておこう。

まず、犬が寄ってきたら走って逃げないこと、知らない犬には、飼い主に「撫でてもよいか」と聞いてから近寄ること、知っている犬でも後ろから突然触ると反射的に咬みつく犬がいること、犬がワンワンと吠えた時よりも、ウーッとうなった時のほうを警戒することと、犬が骨や餌を食べている時にそばに寄って行くと咬まれる可能性が高いこと、寝ている犬を起こさないこと、仔犬を育てている時はふだんはおっとりとした性質の犬でも攻撃的に出ることがあるから気をつけること、犬に手で餌をやる時は手のひらにのせてやれば犬も指を咬まずに食べられること、などは最低限の常識で、親か幼稚園の保母さんがしっかりと教えてほしい。これらは犬だけでなく、他の動物一般にも通用する場合が多い。

また、犬を垣根越しに撫でたりするのも控えた方がよい。垣根の内側は犬の縄張りであるから、犬にはそこを守る本能がある。近所に住んでいるハンスの話だが、毎朝学校に行く途中の垣根越しで顔見知りになった犬がいた。可愛いので、撫でようとすると、「ウー！」とうなって歯をむきだしにした。「これは恐ろしい犬だ」とそれ以後敬遠するようになった。ある日、学校の帰り道その犬が向こうからやってきた。「これはあぶない！咬まれたら大変だ」と思って一瞬緊張したところが、その犬はしっぽを振って友好の情を示してきた。中立な道路で出会う人ならばおだやかに対応するが、垣根越しの交際には子供でも気を許さない犬は意外に多い。

子供にやさしい犬

盲導犬は、本格的に訓練する前に、まずふつうの犬として育てる必要があるために、仔犬の時期に一年間、いわゆる「パピー・ウォーカー」と呼ばれる里親になる家庭にあずけられる。そしてその家庭には子供がいることが必要条件になっている。子供と大人とは全く違う人種だということを幼犬の時に実際に体験するのがいかに大切かということだ。私の場合、しつけにより、やがて走る子を追いかけることはやめたし、乱暴な子が来たらスルリと抜け出すという消極的な方法で摩擦をさけることも覚えた。しかし子供に寛容になれないという私の短所は、多分一生直せないと思う。

これは幼犬時代の体験に欠けているだけではなく、もともと子供好きになる素質がそなわっていなかったのかもしれない。私の父方の血筋にあたるコリーは、テレビで人気を集めた「名犬ラッシー」などで子供たちには人気がある犬種だし、一般の意見ではたいへん温厚な犬だといわれているが、私の知っているコリーやコリー系は少し神経質なところがあり、子供向きのおっとりした犬は少ない。

子供のコンパニオンとして飼おうという場合は、犬種を研究する必要がおおいにある。必ずしも小型犬ならよいというものでもない。たとえばテリア種は子供向きではないといわれる。ゴールデン・レトリーバー、ラブラドル・レトリーバー、ビーグルが特に気立てがやさしいという定評がある。オールド・イングリッシュ・シープドッグやニューファァンドランド、セント・バーナードなど、超大型犬にも意外に子供に寛容な犬がいる。スイス人に聞いた話であるが、子供の頃スイスの山奥の学校に行く時、飼い犬のセント・バーナードが必ず付き添ってくれたという。彼らは子供たちの送り迎えをきちんとやりこなし、しかも学校では子供たちの授業が終わるまで、囲いの中でおとなしく待っていたのだそうだ。このように子供たちを完全にまかせられる優れた犬もめずらしくない。

しかし、おとなしい犬種ならば、子供と犬を放任していてもよいかというと、それも考えものである。私の知っているゴールデン・レトリーバーのヘクターは、アメリカ生まれでおっとりとした典型的なレトリーバーの性質を受け継いだ気立てのよい犬である。彼の所には、二人のやんちゃ坊主がおり、親こそ知らないが、子供たちは時々本当に乱暴なことをヘクターにやっている。馬乗りになったり、目隠ししたりするのはまだいいが、鞭でたたいたり、犬の耳をほじくったり、私だったらとても我慢できないようなことをヘクターは何ともいわずにやらせている。しかし、犬と子供を一緒に育てるには、大人が絶えず見守りながら、「そんなことをしたら、犬はかわいそうですよ」とか、「痛い目にあわせたらあやまりなさい」とほどよい忠告を与える必要がある。小さな子供はまだ犬の立場にたって考えることができないから、時には大人では考えられないような残酷なことも行動に移してしまうことがある。

また犬の方にも、遊びに夢中になって弱い子供を押し倒してしまったら、「気をつけなさい」とたしなめたり、悪気がなくても少し強く咬むようなことがあったらその場で叱ってやめさせたり、「子供も犬もわからず屋である」という認識で、大人が見守りながら育てることが、子供にとっても犬にとっても非常に大切なことである。

第七章　ランキングが大事

力試し

クラウディアが学校から帰ってきた。私は急いで玄関に走り、大喜びで「おかえりなさい！」と迎えた。

「ボニーちゃん！　ただいま。よしよし！」

彼女は私がキスしやすいようにかがみながらカバンを置き、厚手のセーターを脱ごうとした。まだ興奮してとび上がっている私の歯にセーターの袖がひっかかり、それを引くとぞろぞろと重みのある羊毛が歯にくっついてきた。これは面白い「獲物」だと見て、私はすかさず口にくわえてセーターを左右に振り回した。

「ボニー、ナイン！」

クラウディアが大声で叱った。しかしいったん振りはじめた「セーターの獲物」は面白いのでそう簡単に放す気がないから、聞こえないふりをして振り続ける。

「放しなさい！」

と大声で上からどなられるが、セーターが歯にひっかかって、そうすぐには取れないんですよというふりをしてみせる。

「ボニー、放せ！」

上下の顎を押さえ、口を無理やりにこじ開けてセーターは抜き取られてしまった。せっかく手に入れた「獲物」を暴力で押収され、不満の私は、

「ワン！」

と抗議のつもりで歯向ってみた。するとまたもや、

「ナイン！　何がワンだ！」

と、凄い勢いで叱られた。

「ワンだからワンだ！」

私も負けずに二度吠えてみた。

「何よ、なまいきに！」

首の付け根をつかまえられて二度、三度振り回された。そういえば昔キーム湖畔にいた頃、いたずらをするたびに母親のザサに首のところをこんなふうにくわえられて叱られた覚えがある。さすがにこの仕置きには弱く、とても太刀打ちできないと判断して私は降参した。

＊

だんだん自我が芽生えてきた私は、機会があれば自分の力を確かめてみたいという衝動にかられた。私は生まれつき頑固な性質で、タブーの行動に対しても一度は反抗してみた

くなるし、叱られてもすぐにはやめずにどこまで自分の意志が通るか様子をみてやろうという欲望があった。そして生後四ヵ月頃から、私はよく意地を張って毎日のように家族と小さな「やり合い」を繰り広げた。

生後四ヵ月から六ヵ月の時期は、とくに「ランキングの時期」とさえいわれるほどで、犬によってもちろん差はあるが、家族の中での「力関係」を試して自分の順位を確かめたい時期なのである。

「ボニーはかなり我が強いから、いい加減な上下関係にしてはいけない」

ヘルヘンがそういっていた。

「中途半端なしつけは駄目だ。甘やかしてもいいが、大事な時は絶対に譲ってはいけない」

「いつも私たちが上であることを示す必要があるわ!」

と、家族の態度はにわかにきびしくなった。そして私が喧嘩ごしになった時は、必ず私が降参するまで家人は誰も後に引かなかった。そして私はこの家族の「群れ」の中で、明らかに最下位に置かれていることを悟らされたのである。だからといって不満に思ったわけではない。いや、かえってこの「群れ」での序列がはっきりしたので、「上」に上がろうという無駄な努力をしなくてもいいし、力関係の不安定な「群れ」の中で過ごすよりも、はるかに安定した生活を送ることができるので、今は満足している。

序列関係

シェパードとコリーの特徴もはっきり出てきて、
みなにきれいだとほめられる

仔犬はとにかく「可愛い！」ので誰でも飼いたくなる。しかし正しい知識がなく、ただ可愛がっているだけでは、知らないうちに人が犬を飼うのではなく、犬に飼われてしまう。

正直にいって私たち犬としては自由自在になる飼い主を持つほど都合のよいことはないが、結局甘やかされた挙げ句、飼い主とうまくやっていけなくなり動物保護施設に送られたり、最後は罪もないのに始末されたりする仲間のことを聞くと、やはり犬の本当の幸福を願うためには、飼い主に私たちの持っている長所も短所もよく理解してもらうことが大切だと私なりに考えるようになった。そのために、すでに仔犬の頃に芽生えているいくつかの本能のうちでも特に「ランキング」について詳しく話しておきたい。

犬が狼から受け継いだものの中でも顕著な特徴は、何といっても群れにおける序列関係である。狼の社会を観察してみると、ただ群がっているのではなく、その間にはランキングがはっきりしていて、そのために秩序が保たれている。群れは常に「アルファ」というリーダーがおり、たいていは年長の力の強い雄がその役割を果たしている。「アルファ雄」に選ばれた雌の狼が、たいていは二番目を占めている。

＊

狼たちが群れのリーダーのもとによくまとまった社会生活を営んでいるように、犬も本能的に常にリーダーを必要とし、現代社会の中では、ほとんどの場合リーダーは飼い主のことである。だから飼い主は常に犬の上に立つことを意識している必要がある。上に立つ人は飼い主一人とは限らない。複数でもよい。

大切なことは「群れ」である「家族」の人間全員が飼い犬よりも上であるという順位をはっきりさせることである。たいていの犬は本能的に下位から上位にあがりたいという野心を持っているが、それはこの「群れ」の中では不可能であるということを、仔犬の時からはっきりさせてもらえば、後で欲求不満になることもない。だから仔犬は可愛がると同時に必要に応じて絶対服従をさせ、早いうちに群れの一番低い序列にいることを知らせて、人間には頭があがらないということをはっきり認識させておく必要がある。私も身体の小さい仔犬の時に、それをはっきり思い知らされているので、力が強くなった今でも、家人は自分よりもランキングが上だと自然に受け入れるようになっている。

嫉妬する心

飼い主がそういうことを自覚せずに甘やかしてばかりいると、ビーグルのようなおとなしい犬種でも、自分が主人だと思って飼い主を威嚇することになりかねない。飼い主の子供を咬んだという犬のニュースが報道されるたびに、私たち犬に全責任があるようにみられ「狼の子孫だから」と白い眼で見られ、私もいやな思いをしてきた。ほとんどの場合は飼い主の責任であると思う。小さい時から上下関係を明らかにしていないような「群れ」の家族の中で育てられれば、私たちはいつかは力争いで上の地位を獲得したくなるから、時には飼い主、それも家族の中のランクの低そうなメンバーを襲ってみたくなる犬がいても不思議ではない。だいたい大人よりも子供が、男性よりも女性が犬になめられる危険性がある。

＊

ジャーマン・シェパードが飼い主の赤ちゃんを咬み殺したというニュースが新聞にのった。シェパードがいかにも危険な犬のような印象を与える記事であったが、このニュースを詳しく追ってみると、やはりランキングの問題にぶつかった。

赤ちゃんと犬を一緒に育てようと、若い夫婦がシェパードの赤ちゃんをもらってきた。赤ちゃんとシェパードは仲よくなり、一緒に遊んでいる場面はまさに童話の絵本のようだった。しかしシェパードの成長は早く、五ヵ月のランキングの時期の頃から赤ちゃんに少しずつ乱暴に当たるようになり、反抗の武器を持たぬ赤ちゃんは次第にシェパードに馬鹿にされ、六ヵ月のシェパードは六ヵ月の人間の赤ちゃんよりもはるかに力が強くなったことが誰の目にも明らかになった。しかし、すっかり友情で結ばれていると安心していた両親は、この変化に気づくのが遅かった。

結局ある日、シェパードは自分が群れの中では赤ちゃんよりも上であることを証明しようと、赤ちゃんをちょっと強く咬みすぎ、それが致命傷となってしまった。そしてこのシェパードは危険な犬だという烙印を押されて殺されてしまったのだけれど、私はどう見てもこのシェパードだけが悪いとは思えない。赤ちゃんと犬を一緒に育てる場合は、とくに飼い主は注意が必要である。

犬を飼っていた夫婦に赤ちゃんが生まれると、飼い犬が嫉妬するということもよく聞く。赤ちゃん自身が犬よりもランキングが上であると自己主張するのは無理であるから、飼い主が犬にそれをはっきりと示すと同時に、赤ちゃんばかりを可愛がらずに、飼い犬も大事にして、よくかまってやり、嫉妬をおこさせないように注意するなど、リーダーは常日頃しっかりとした指導をする必要がある。また犬が潜在的に持っている子守本能を生かして、赤ちゃんを保護する喜びを与えてやるのも一つの方法である。大型犬や頭のよい犬、デリケートな犬ほど、しっかりとしたリーダー格の飼い主を必要とする。

犬を飼ううえで、誰でも一つや二つ失敗をする。

「僕は軍隊やサーカスのようなしつけは嫌いだ。自然がいい！」

といってしつけをしない飼い主もたくさんいる。犬の私たちはきわめて適応性があるから、飼い主がミスをしても、また全然しつけをしなくても、だいたいの犬は驚くほど素直なよい犬に育つ。しかし上下関係をおろそかにするという間違いだけは絶対に犯してはならない。人身事故につながる可能性があるからだ。

＊

また犬は教えられなくても、その「群れ」の家族内のランキングも見抜いている場合が多い。たとえば飼い主のご主人が、

「スワレ！」

というと即座に正座するが、奥さんが、

「おすわり！」

というと、浮き腰ですませるという話はよく耳にする。これは笑い話になることはあっても悲劇を産むことはないから別に心配することはない。ヘルヘン、フラウヘンの順序がどうあれ、犬さえ完全にいちばん下であることがはっきりしていれば問題はない。家でも一応ヘルヘンがリーダー格の「アルファ犬」だと判断しているが、だからといって私は、いつもヘルヘンの命令を優先するわけでもない。その辺は私の都合もあるので、臨機応変に対応している。

「オーミはボニーのいうなりになるし、ボニーがオーミの上だというような関係が成り立つと大変だわ」

とフラウヘンが心配し出した時期があった。

「大丈夫、母は小さい時から犬を知っているから、犬になめられるようなことはしない。だいたい犬を怖がるようなことはないから大丈夫だ」

ヘルヘンは自信を持ってそういった。

「犬を怖がると、犬の方でも図に乗ってくるのね」

「ボニーを赤ちゃんの時から飼ってよかったわ。私みたいに犬が怖かった者でも、赤ちゃんのころから飼っているボニーは全然恐ろしくないものね」

フラウヘンはいつもそういっていた。

「もしボニーが成犬になってから家に来たとしたら、ボニーの狼の口みたいな顎を開けて、ひっかかったセーターを取るようなことも怖くてできないわ」

私の何倍も大きな馬の口を開けて手を突っ込んでも平気なクラウディアでさえ、そんな臆病なことをいっていた。私の口はよほど狼に似ているらしい。犬を飼う初心者は、仔犬から飼うとよい。

犬同士の上下関係

狼の生活をよく知っていれば当然の現象として納得できるであろうが、同じ家族の中で数匹の犬を飼う時は、犬の間ではまさに狼の群れと同じようにランキングの争いが起こる。ほとんどの場合はすぐに上下関係がはっきりして、その後は仲よく暮らす犬たちが多いが、時には、相手を咬み殺して関係に終止符を打つというケースもある。

犬間の上下関係は、だいたいは雄犬が雌犬よりも上だが、大きさ、年齢、先天的な気性、それぞれの家庭での先住権などが重要な要素になる。人間が仲に入って仲介しても決まるものではなく、犬同士で決めなければおさまらない。飼い主が上位の犬を無視して下位の犬をひいきにしたりして、たとえば餌を先にやったりすると、嫉妬する犬も出てきて、上位の犬が下位の犬をいじめることもある。

＊

家で飼っていたウサギやモルモットは、先住権や年齢の点では古株であったが、身体の大きい私の方が、あきらかにランクは上だったし、二匹とも私の野生の本能をくすぐる獲物でさえあった。ウサギのミンキーとモルモットのトゥプシーは、やがて近所の女の子にもらわれていったのだが、それまでの数年間、私たちは仲よく一緒に暮らした。私は彼らをいじめたことは一度もないし、家族の一員として、というより私のペットとしてよく可愛がった。追いかけることがあっても、けっして怪我をさせないように気をつけたし、ピンと立ったミンキーの耳は、なめることはあっても咬んだことはない。

これは、家人が私をランクが上だと認めた上で、私が身内の者を保護する才能があるのを見て、ウサギやモルモットも大事に扱うようにと、常日頃、そばにいて教えたからである。しかし、これはミンキーとトゥプシーに限ってのことであり、野生のウサギやネズミなどに出くわせば、もちろん獲物の対象として夢中で追いかけてしまう。

＊

犬同士の上下関係は、散歩道でも解決を迫られることがある。見知らぬ犬同士が道で出会うと、まず鼻をヒクヒクさせて後ろのにおいを嗅ぎあって挨拶の儀式をし、そのまま何ごともなく別れる場合がほとんどだが、時々緊張関係が生ずる。

健康な若さにあふれた雄犬同士だと、ランキングのいざこざで喧嘩になることもあるが、たいていは、その前にどちらかが下手《したて》に出るのでこともなく解決する。華々しく喧嘩を繰り広げるほど、畏怖の効果をねらった「ショー」の場合が多く、犬が本当に大きな怪我をすることは稀だが、仲介に入った人が咬まれることはよくあるから、下手《へた》に割り込まないほうが安全だ。雌犬同士も仲が悪いといわれている。雄と雌ならば絶対にうまく行くと確信を持っている飼い主が多いが、実際はそうでもない。私自身は雄雌に関係なく好き嫌いがある。直感的に好きな犬には、しっぽを振って寄って行くが、気に入らない犬に会うと、口をゆがめて皺を寄せ、背中の毛をモコリと上げて、極端に無愛想な態度に出る。それでメッセージを理解する犬は出会いを避けて通り過ぎるが、時々、元気のよすぎる犬が、押しつけがましく寄ってくる時がある。そんな時、私は自信がないにもかかわらず、上位に立つことに決めて、相手を邪険に追い払うことにしている。

誰とでも仲よくできるような犬になってほしいと願っている家人にとって、この私の態度はかねがね不満の種であるが、まだ他の犬と一度も深刻な喧嘩をしたことはないのだから、これくらいは許してほしい。また、相手の犬が私よりも大きいとやはり怖い。ところ

が逃げるのもプライドが傷つくなと思う、そんな瞬間にヘルヘンが、

「ボニー、来い！」

と呼んでくれるととても助かる。

「ちょっと失礼。ヘルヘンが呼んでいるので行かなくては。逃げるわけではありませんよ」

ということを相手にわからせることができるので都合がよい。私はプライドを保って危機を乗り越えることができる。

こんなふうに装うのは私だけかと思っていたら、そういう犬仲間がたくさんいるのでわれながら驚いた。

動物の世界では、一般に無駄な争いは避けるのが常識だが、それも上下関係を確立した上で平和を維持しているケースが多い。全員が平等だという社会は、かえって不安定になりがちである。犬の場合はとくにその点が顕著で、一度上下関係を確立すれば、いつどこで会っても、確固とした犬同士、あるいは人間との関係を保つことができるのである。

＊

客が来るとよく話題にするので、私までよく知っているエピソードにこんなのがある。

ある年ヘルヘンとフラウヘンは、南太平洋のトンガ王国に遊びにいった。一九八四年というから私が生まれる前の話である。そこで泊まったホテルには、フラウヘンの話によると、「ボニーよりも大きな野良犬が八匹くらいホテルの前に群がっていた」そうだ。ヘルヘンがその話をすると、「やせっぽちの犬ころが、五匹くらい道路で遊んでいた」そうだから、

話というものはとかく主観が入る。この犬たちはホテルの管理人から餌をもらっていたから、ここがあきらかに彼らの縄張りであった。ヘルヘンとフラウヘンは、ある日夜遅くまで外出してホテルにもどったのは真夜中だった。ホテルに近づくと四方から犬が出てきて、「ワンワン！　ウォーウォー」と吠えたてた。ただでさえ犬が怖いフラウヘンは震え上がってヘルヘンの陰に隠れたが、ヘルヘンは、

「ホテルの客に対して吠えるとは何という礼儀しらずだ！　けしからん奴らだ！　こんなことでホテル業がつとまると思っているのか。さあ、どいた！　どいた！」

とトンガ語しか解さない犬共に向かって、ドイツ語で堂々と説教した。するとどうだろう。ドスのきく声で吠えていた犬たちが、いっせいにしっぽをまいておとなしく四方に消えてしまったということだ。

「あの時ほど、主人を尊敬したことはないわ」

とフラウヘンは思い出して笑った。

「犬というものは、こちらがはっきり上位だと教えてやれば、素直にそれを受け入れるものなのだよ」

とヘルヘンは自信満々だった。

第八章　雑種と純血種

仔犬の顔つき

仔犬の頃は誰に会っても「可愛い！」といわれたので、さぞかし可愛い顔をしていたのかと思っていたのだが、後になって小さい頃の写真を見せてもらった時は、正直いってがっかりしてしまった。これが私かしらという顔で、少しも犬らしい品格がなく、熊と狸を合わせたような顔立ちだった。「可愛い」のはおそらく動作や表情で、容姿や顔形ではないのかもしれない。仔犬に限らず動物の子供はみな、全体が何ともいえないほど、理屈抜きで「愛くるしい」ので、誰でもつい可愛がってやりたくなる。そういうふうに自然がつくり出したのであろう。

ただし、仔犬を見てその犬種を当てることはかなりむずかしいらしい。テレビでも仔犬の犬種を当てるクイズ番組があり、番組に出演するゲストたちもなかなか正解をいい当てることができない。私に関しても人は様々なことをいった。

「シェパードだろう」

「ロットワイラーではないですか」

「いや、これは、バーニーズ・マウンテン・ドッグの仔犬でしょう」

と知ったかぶりの人たちがさまざまな意見を交わした。またある時は、

「これは秋田犬でしょうといって、私の顔をチラチラみるのよ」

といってフラウヘンは面白がっていた。

「いいえ、これは『さ・む・ら・い・ケ・ン』という日本の犬種ですよ」

とフラウヘンが冗談を言うと、

「そうですか。さすがに強そうですね。闘犬ですか」

と本気にする人まで出てきた。

＊

八ヵ月もたつと、私は身体のほうはほぼ成犬に近い大きさになり、引き締まった若犬の美しさを身につけてきた。体高は五十六センチ、体重二十二キロとなり、赤ちゃんの時の丸顔が、だんだんコリーに似た細い顔になり、耳は三分の一立ち、先の方は折れた「半直立耳」で、顔を動かすたびにゆれるのが愛敬だといわれる。私は色を見分けることがあまり得意ではないが、毛はシェパードの色合いで、背中は黒く光沢があり、下に行くにつれて焦げ茶色、薄茶色、金髪、白色と左右対象に入り交じって、お腹のあたりは真っ白い。毛並はシェパードの短毛ではなく、コリーの散毛をもらったので少し長く柔らかい。しっぽは仔犬の頃は細長いネズミのしっぽのようだったが、いつのまにかふさふさとしてきて、高く上げると先がクルリと曲線を描いて背中のあたりで巻かれ、振ると旗のようになびく

ようになった。この頃は散歩に出かけるたびに必ず誰かにほめられるようになった。

「どういう犬種ですか？」

「シェパードとコリーのミックスです」

「だから、きれいなんですね」

　と納得する人が出て来たので、家人も大威張りで雑種であることを宣言するようになった。母方にはシュナウツァーの血も少し入っているそうだが、シュナウツァーの特徴らしきものは何も出てこなかったので、詳しく説明する必要がないかぎり、ふつうは省略して紹介していた。ただしシュナウツァーの飼い主からおほめを受けると、

「実はシュナウツァーの血も……」

　と外交手腕を発揮している。私のつややかな毛並にも、散歩の途中で犬の飼い主がよく関心をよせてきた。

「何を食べさせているのですか」

「ドッグ・フードが主ですけれど」

「毎日何分くらいブラッシングをしてやるのですか」

「規則ただしくブラッシングなどしてません。まだお風呂に入れたこともないですよ」

「狼だってシャンプーなんかしませんものね」

「雨の中を散歩させれば、それで充分だそうですよ」

「そうですか。きっとよく散歩をして、健康で幸せだから毛並みに光沢が出るんでしょう

ね」

フラウヘンは自分がほめられたわけでもないのに、顔をほてらせて喜んでいる。

雑種がいいか、純血種がいいか

「雑種だからきれいなんですね」

といわれるのは嬉しいが、

「雑種にしてはきれいですね」

といわれると、私はほめられたのか、けなされたのか分からない。犬の社会では純血だとか混血だとか犬種差別はないが、人間の社会では純血種の犬を大事に扱い、雑種を粗末に扱う習慣があるらしい。動物保護施設にひきとられるのもほとんどが雑種である。

人が純血種の犬をことのほか大切にするのは、初めに何百マルクとか何千マルクとかを出して買ってくるためで、雑種はたいていは無料で、しかももらってくれる人を探すことが多いので、そのために飼い主のほうでも扱い方が粗雑になるようだ。だから心ある動物愛護者は雑種でも人にタダではやらないという。

しかし犬を飼うに当たっての出費を考えたら、雑種であろうが純血種であろうが、餌代、税金、保険、予防注射を含めた医療費および、犬小屋あるいは屋内用ならバスケット、首輪、引き紐など犬の必要経費は全部同じようにかかるわけだから、初めに払う費用は本当はあまり問題ではないと思う。

もっとも、純血種をつくる必要性があるのは私にも理解できないことはない。狩を職業にする猟犬や羊のお守をする牧羊犬などは特殊な技術が必要となるので、犬の中でもそういう特技を持った犬同士をかけ合わせて次第に改良していき、それぞれの職業に合った犬種がつくり上げられた。

＊

純血種の場合は、ある程度どんな大きさの成犬になるか、どんな性質の犬になるかがわかるので、飼い主の方でも希望にかなった種を選ぶことができるという長所がある。ペットにする場合でも、小さな子供がたくさんいる家庭、お年寄りが一人で飼う場合、町の中のマンションで飼う場合、暑い国、寒い国で飼う場合など、純血種の中からそれぞれの環境にふさわしい犬を選べばだいたいまちがいがない。ところが雑種の場合は、成長してみないとどんな犬になるかわからないから、ある意味では冒険であろう。

親を見ればほぼ想像がつくといえど、実際はどんな姿のどういう性質の犬に成長するかわからないのは人間の赤ちゃんと同じで、一方では楽しみでもある。ただし何代にもわたったいかめしい血統書つきの犬には、デリケートな気性を持った犬がいるので、犬を飼うことに慣れている人ならばともかく、初心者には手に負えないことが往々にしてある。それに比べると、雑種は一般的に適応性のある、安定した気性の犬が多いので初心者向きともいわれる。

＊

ところで、雑種は頭が良いか悪いかという点であるが、これは容易に決められない。雑種はとにかくどこの国でも犬種の中でいちばん多い種だから、頭の良いのも悪いのもいる。しかし、とくに雑種の場合は飼い主が無関心でいるために、

「うちの犬はお馬鹿さんだ」

と思い込んでいる人がかなりいるのではないだろうか。犬は飼い主からいろいろ教えられて学ぶことも多いが、かなり独学もする。しかしせっかく独学したことでも、家族の反応がなければその能力を発揮できない。

私は知能の方はまず並であろうと思う。しかし好奇心があって何でも吸収する幼犬の時期から、私の家族がいろいろ教えてくれただけでなく、独学したことに対してもすぐに発見してほめてくれたり、叱られたり、とにかく反応を示していつも私に関心を持って接してくれたので、平均以上の能力を身につけることができたと思う。

それと反対にいくら血統を誇る純粋犬でも、飼い主が放任して刺激のない生活をしていたら、才能が開発されないまま一生を送ることになる。一にも二にも犬のよし悪しは飼い主による比重が大きいと思う。

犬種の基準

ただ一つ、純血種についてどう思っても感心できないことがある。それは改良を加え過

ぎた結果、犬自体が苦労する場合である。例えば極端に胴長の犬種にし、体重がかかりすぎるために椎間板ヘルニアになってしまったダックスフントの友達が、階段の昇り降りがつらいとこぼしていた。犬は安産の象徴であるにもかかわらず、犬種によっては骨格の変形により人の手を借りないと交配も出産もできないものも出てきた。公園でよく会うイギリス生まれのブルドッグのベティーが、お産を間近にひかえたある日、帝王切開をするために入院するといっていた。

また純血種についてはさまざまな容姿の基準にこだわって一種の「成形手術」をほどこすことがあり、これも感心できない。オールド・イングリッシュ・シープドッグやコッカー・スパニエルなどは、しっぽが短くないと醜いそうで、せっかく親から貰い受けた長いしっぽも切らなくてはいけないという。大昔、労働に従事する場合に長いしっぽでは危険なので、断尾の習慣がはじまったとはいえ、現在、作業犬として飼うわけでもないのに、ただ犬種のスタンダードの美とかを保つために、意思の伝達手段でもある大事なしっぽを切ってしまうのは、どう思っても人間の勝手のように思える。ましてやボクサーやドーベルマンにほどこした断耳は考えただけでも身震いがする。さすがに最近こちらの方はドイツでも禁じられてきた。

＊

ある日のことだった。私は散歩中コッカー・スパニエルに似た犬に出会った。遊びざかりの若犬で、私たちが戯れている間、フラウヘンは彼女のヘルヘンと話をしていた。

「お宅のはコッカー・スパニエルですか？」

「そのはずだったんですよ。両親とも血統書つきで、由緒のある犬だと、高い値段で買ったのですよ。ところが育ててみたら純血じゃないのです。ブリーダーにいわせると、知らないうちに他犬の血が入ったらしく、これはブリーダーの責任だから純血のスパニエルと交換しますといわれたけれど、もう数ヵ月もたつと情が移るし、レディーは大変気立てのやさしい犬だし、もうちゃんとした家族の一員で、もちろんそのまま飼うことにしたんですよ」

「数ヵ月たって交換するなんて品物でもないし……」

「そうなんです。別に純血、雑種は関係ないですよね。犬は気性が第一です」

「断尾はすんだ後だったのですか」

「ええ、これはブリーダーのところでしますからねえ。こんなことがわかっていたら、断尾もさせなかったのですけれどねえ」

レディーはもう少し早く飼い主のところへくればよかったのにと、こきざみに激しく振る彼女のお尻をいとおしく見ながら、私はふさふさとしたわが尾を心持ち遠慮しながら振って別れた。

＊

雑種の自慢をするわけではないが、純粋種に比べて雑種には健康な犬が圧倒的に多い。これには確乎たる理由がある。自然界の野生の動物にも見られるように、雌はさかりになって雄を引き寄せる力を持っているが、その中の誰でも相手にするわけではなく、子孫繁栄のための法則にかなう健康なパートナーを選ぶ。だから生まれてくる子供も健康なものが多い。

純血種の犬は人間によって選ばれたカップルから生まれる。もちろん健康な優秀な犬が選ばれることを原則とはしているが、実際にはみながみな良心的なブリーダーではないし、お金もうけのためとなれば少し弱い犬でも交配させてしまう。だから虚弱な犬、悪い遺伝子を持った犬も生まれる可能性がある。いかに交配が自由になったといっても、めずらしい犬種の場合は交配の相手をさがすことはかなりむずかしい。そうなれば結果として近親交配が行われる可能性も多くなる。近親交配の場合はよい遺伝子が残る代わりに、悪い遺伝子も出やすくなる。

＊

雑種に健康な犬が多い理由がもう一つある。野生の狼の場合は、弱い子供、即ち乳を吸わない子供や、兄弟に先を取られていつも餌にありつけない子供、獲物を追跡する力のない子供などは、極端な場合は仲間に殺されてしまうし、そうでなくとも自然に餓死する。これはずいぶん無惨なことに聞こえるが、優秀な子孫を残すために他の生物にもみられる自然淘汰の法則である。

しかし純血犬のブリーダーにしてみれば、せっかく生まれた仔犬はできるだけ全員育てたいのが人情で、いつも兄弟にのけものにされて餌のもらえない仔犬に同情し、別にミルクや餌を与えてしまう。だから仔犬はみな生存のチャンスが与えられる。なにしろ一匹何千マルクもする犬の場合は生まれた仔犬が全部売れるように育てるのはブリーダーとしても当然のことである。そのために先天的に身体が弱い犬でも、飼い主はそれを知らずに買っていくことも多い。雑種の場合は、同腹の中で健康な仔犬だけに生存のチャンスを与える飼い主が多い。

この家を建ててくれ、その後も増築や改築工事の監督にやってくる建築家のおじさんが私の母親ザサの飼い主であるから、私の旧主に当たるわけだが、彼の話によると、私が生まれた時は五匹兄弟だったが、そのうち二匹は生まれてまもなく処分されたそうだ。それを聞いた家人は初めはショックを受けたらしいし、場合によっては動物保護法にひっかかって罰せられる可能性もあるそうだが、健康な犬だけを後世に残そうとする賢明な措置だったようである。

＊

このような事実を知れば、純血種に比べて雑種には健康な犬の確率が高いことも納得できる。公園をへだてた向こう側に住んでいるシェパードは、若犬なのに成犬のような落ち着きがある犬だと密かに尊敬していた。別に遊び友達といえる仲ではないが、私たちはよく一緒に並んで散歩することがある。ある日散歩の途中、公園で突然座り込んでしまったので驚いたフラウヘンが、

「どうしたんですか。お宅の犬」

犬友達を遊びに誘う

仲よしのエアデール・テリアと雪の中で遊ぶ

と飼い主に聞くと、

「うちのは先天的関節障害で歩行困難なのです。獣医さんの請求書の方が家族のかかりつけの医者から来る請求書より多いんですよ。獣医さんは保険がきかないし……」

とこぼしていた。

「そうですか。身体はがっちりしているのに」

「雑種は健康でいいですよ。特にジャーマン・シェパードは過剰繁殖《オーバー・ブリード》があるから気をつけないといけません」

といってシェパードを痛ましげに撫でた。それからまもなくプッツリとその犬に会うことがなくなり、彼の家の前を通っても一度も吠えるのを聞かなくなったので、どうしたのかと心配していたのだが、人伝《ひとづて》に聞くと、その犬は痛みがひどくなったので、これ以上苦しませてはかわいそうだということで、やがて獣医の手で安楽死させられたということだった。

ドイツにはさすがにジャーマン・シェパードがたくさんおり、麻薬をかぎつけるスターの警察犬、優秀な盲導犬、涙を誘う忠犬など、新聞を賑わす犬たちはほとんどがジャーマン・シェパードで占められている。またシェパードの飼い主は代々シェパードを飼う人が多いのも、この犬種に惚れこんでいる証拠であろう。一方この犬種は人気があるので過剰繁殖の結果、遺伝的に好ましくない犬が少なからず出てきたとも聞く。ジャーマン・シェパードに対する評価は極端に分かれている。

第九章　遊びざかり

綱引き遊び

居間に家族が揃って午後のコーヒーの時間がはじまった。この家族団欒の時間は遊んでもらえるチャンスだ。私は何かおもちゃが転がっていないかと四方を探した。そして昨夜ダイニング・テーブルの下で咬んでいた運動靴があったのを思い出し、そこに突進して底が半分剝がれている靴を口にくわえて急いでヘルヘンのところに持っていった。彼は今日はもう、ゆかたに着替えてかなりくつろいだ雰囲気だから遊んでもらえそうだ。

「ホラホラ、靴を持って大好きなヘルヘンのところに行って！」

オーミが歓声をあげた。

「ボニーライン、靴がどうしたというんだい？」

ヘルヘンが「ボニーライン」（ボニーちゃん）と愛称語尾をつけて呼ぶのは、ご機嫌がよい時である。私は靴をヘルヘンの膝の真ん中あたりに上手に置いた。

「靴を履けというのかい？　ゆかたに靴は似合わないからなあ……」

遊びに誘っていることを十二分承知でヘルヘンはわざととぼけた顔でそんなことをいう。

「そんなにじらさないで遊んでやんなさいよ」

我慢しかねてフラウヘンが同情すると、

「ボニー、ヘルヘンにキスしたら」

クラウディアがあおり立てた。私は椅子の肘掛けに前足をかけてヘルヘンの顔をなめ、ついでに口のあたりをペロペロなめて「イッヒ・リーベ・ディッヒ!」(愛してる!)とやった。オーミが手を打って嬉しそうに笑った。ヘルヘンはとうとう負けて私の持っていった靴をつかんで引っ張り合いに入った。初めはヘルヘンの方が強かったのだが、そのうちに靴が彼の手からスルリと抜けた。私はそれをくわえて一歩下がり、「追いかけて取ってみたら?」といたずらっ子の上目使いでヘルヘンを誘うと、彼はやっとソファから腰をあげた。私のしっぽはにわかに大きく揺れた。

「よーし、とっつかまえてやるからな」

ヘルヘンは犬の真似をして、両手でおおげさに靴をめがけて襲ってきた。私は右に左に逃げながら、身をひるがえして靴をくわえて居間を走り回る。時々休みを取って伏せ、横に靴を置いて余裕のあるところを見せる。ヘルヘンが近くに寄ってくるとすばやく靴をくわえてまた逃げる。靴は絶対に取らせない!

「ボニー、鬼ごっこはどうもおまえに勝てそうもないけど、綱引きならヘルヘンは負けないぞ。どうだい、追いかけっこはこれくらいにして、その代わり綱で遊ぼうか?」

私はしきりに首を左右にかしげて真剣に彼の言葉を理解しようと努め、最後の「……綱で遊ぼうか」のひと言で、くわえていた靴をそこにポトンと落とすとマントルピースの方に走っていき、彼を見上げて座った。

私の大好きな綱引き遊びの綱が暖炉の横にかかっている。この綱の輪はフラウヘンの手製のものである。どんな綱でも、私の鋭い歯が喰いちぎってしまうので、彼女がミュンヘン中を探して、ちょっとやそっとでは切れないヨット用のロープを買ってきたものだ。それを輪にして結び、私はその結び目を口にくわえ、ヘルヘンは手で持ちやすいようにタオルを巻いて太くしたほうを持って思いきり引っ張り合う。フラウヘンやクラウディアは力がないので、私もいい加減に喰いついているだけだが、ヘルヘンと力試しをする時は真剣に綱をくわえるから、思わず「ウー、ウー」といううなり声が伴う。引っ張るという本能を呼び覚すようなこの遊びは本当に面白くて思わず力がこもる。

四本足が絨毯についている間は、力いっぱい引っ張ると私もなかなか負けないが、背の高いヘルヘンが綱を上の方に持ち上げると、私の前足は宙に上がり、そのうちに後ろ足まで宙に浮いてしまい、私はそれでも綱は絶対に放さないので身体ごと振り回される結果となる。しかしヘルヘンも二十二キロある私を振り回すのは相当の力がいるからそう永続きはしない。やがて彼は振り回す手を徐々にゆるめて、私の四本足はまもなく絨毯に着地する。

「ボニー、これでお・し・ま・い！」

といい、この遊びは終わりになる。まかりまちがってもドスンと下に落とすようなことはしないヘルヘンを信頼しきっている私は、最後まで必死に綱に喰いついている。ヘルヘンは私よりも大きく「ハーハー」と肩で息をしているところを見ると、彼にとってはこれは遊びではなく、ちょっとした運動になっている。そういえばフラウヘンはいつも、

「あなたのいい運動になるからボニーと遊んであげなさい」

といってはこの綱遊びをしきりに奨励している。ゲストが来ると、彼は背広を着たままでも、よく私と綱引きをしてくれる。私はこのようにヘルヘンが真剣に私の遊び相手をしてくれるとこの上もなく満足感でいっぱいになる。だからよくヘルヘンには、「お手」をしたり、「キス」をしたり、彼の足にからみついて遊んでくれとねだる。彼が忙しい時は、

「ボニー、今日はダメ。仕事があるからね。明日までにこの論文を読まなくちゃいけないんだよ」

といって遊んでくれない。根は素直にできている私もたまにはダダをこねたくなる。靴が駄目ならボールで遊んでくれるかな、それも駄目なら木の棒はどうだろうと、私はおもちゃ箱から次々に代わりを持って行くので、ヘルヘンの周りはたちまち私のおもちゃでいっぱいになる。

「今日はダメ！　さあ靴をどけなさい！」

ひざの靴をさしてそう命令する時もある。それでも諦めきれない時は、靴を拾おうとすると、気のせいかいつもより重すぎたり、口からすべり落ちたりで、膝の靴は思うようにくわえられない。そのぎこちない動作にみながクスクス笑い出す。私はもしかしてヘルへ

ヘルヘンと綱引きする時は真剣に引っ張る

フラウヘンと綱引きをする時は、あまり強く
引かないように気をつけている

ンの気が変わるかもしれないと期待して、靴を膝の上でひっくり返したりして、わざとグズグズする。一同は笑いを抑えられなくなり、こんな時ヘルヘンも一緒に笑い出したら、もう私の勝ちだが、時には彼はなかなかきびしくて、

「ボニー！　さあ、靴をど・け・な・さ・い！」

と声が大きくなる。私のしょげた顔を見て同情したフラウヘンがたいていは助け舟を出してくれる。

「ボニー、じゃ、ここに持ってらっしゃい！」

そのひと声に、重すぎてつかみにくいはずの靴も、一瞬のうちに前歯におさまり、私は急いでフラウヘンの膝元に走る。部屋中に爆笑が起こる。一家団欒の主役はやはり私でないとつとまらない。

咬み合い

犬は生後一年間くらいが遊びざかりである。この遊びざかりの頃に人と遊ぶ楽しみを覚えないと、一生遊ぶことができない犬になる。一般に言われていることだが、人間を含めて、ふつう幼児期が長く、遊んでいる期間が長いほど、知能が発達するそうだ。そして遊びを通して私もいろいろなことを学んだ。夢中になって遊んでいて、私の狼のような歯がヘルヘンに少しでも当たることがあると、彼はその場で叱るだけでなく、遊びはたちまち

終わりになる。

仔犬の頃、兄弟と遊びながらすでに柔らかく咬むことを学習しているから私も充分注意を払っているのだが、時々自分の歯がヘルヘンの素手に触れてしまうと自分でもわかる。ちょうど面白くなったところでやめなければならないのは私もつらい。とび上がってキスをして「ごめんなさい」というのだが、ヘルヘンはその点は厳しくて融通をきかせることはしない。その日はそれで終わりだ。

その代わり日を改めてまた遊んでくれるとなったら、犬同士でしかやらない「咬み合い」の相手さえしてくれる。彼は手を犬の口のような形にして私を咬む真似をする。私も口を大きく開けて対抗する。こんな時のヘルヘンはもっとも犬らしい風格をそなえる。一歩まちがえたら彼の手の骨などは簡単に砕けてしまうくらいの凶器の歯を見せても、私が本気で咬むようなことは絶対にないと心から信頼してくれている。だからこそ私もそれに応えて細心の注意を払って対応する。咬み合いの最中にさかんに振っているしっぽを見なかったら、第三者には私たちが本気で格闘しているような危ない印象を与えるであろう。

「綱引き」遊びは力さえあれば誰でも相手をしてくれるが、この「咬み合い」遊びだけは、さすがにヘルヘン以外、誰も勇気が出ないらしい。彼は私の本能を上手に刺激して遊んでくれるので、こういう遊びを通して彼とは本当の信頼関係を築き上げているように感じている。そしてこの尊敬の気持がリーダーシップを仰ぐ気持につながり、ヘルヘンを「アルファ犬」として認める理由になっているのである。

学校ごっこ

クラウディアも私を遊ばせながらいろいろなことを上手に教え込んだ。彼女はよく犬の挿し絵のある本を手に持って「学校ごっこ」をしてくれる。「お手」などは、どの飼い主も真っ先に教えたがる芸の一つであるが、これは、仔犬の時に母親のミルクを乞う時の本能的な動作なので、どの犬も簡単に覚えられる。クラウディアの手の中にあるドッグ・ビスケットをしっかりとみつめながら私は右手を出し、ビスケットがまだあれば、今度は左手も出す。

ちょっと他の犬には真似のできない、後ろ足だけで立ってグルグル回るダンスの芸もクラウディアが上手に教えてくれた。また布切れなどを咬んで振り回すのは、獲物を獲った時にやる仕草なのでよく独り遊びでもやっているが、布の端をクラウディアがもって振り回してくれれば面白さは倍になる。そしてこの遊びを通して「放せ」という言葉を覚えた。しばらく引っ張り合いをして遊んだ後、「放せ」と言って私の口から布を取り上げ、その代わりビスケットをくれた。物々交換である。

ビスケットつきのこの「学校ごっこ」は私も大好きで、もっと続けたいと思っている頃に、いつも「おしまい」となった。犬の本に「訓練はあまり長くしてはいけない。犬の集中力はせいぜい十分くらいだから、犬のほうでやめたくなる前に先生の方でやめるべきである」と書いてあったためらしい。

大きな骨がもらえるなら、
ダンスの芸もやってのける。
ホーム・ステイのキャリンと

大きな骨もその場でたいらげてしまう

「学校ごっこ」で習った「放せ」という命令は、散歩道で何かを拾って口に入れた時にもよく聞こえてきたが、それが子供の落としたサンドイッチのチーズだったり、工事現場によく落ちているソーセージのかけらだったりすると、いったん口から吐き出すのだが、すぐに拾い上げて急いでゴクリと呑み込んでしまった。クラウディアには決まって叱られたが、せっかく自分で見つけた獲物はそう簡単に献上するわけにはいかない。

ボール遊び

遊びにはいろいろきびしいルールがあることも覚えた。「ボール遊び」のルールはなかなかむずかしかった。クラウディアが投げたボールがコロコロと転がると、それを追いかけて口にくわえるところまでは本能でできたのだが、拾って持っていけば、またそれを投げてくれるので、遊びが延々と続くということは、なかなか理解できなかった。口にくわえたボールを、クラウディアが手で獲ろうとすると、私は反射的に獲られまいとして逃げ回り、「鬼ごっこ」の遊びに変えてしまった。

しかし、やがて「来い」と「放せ」の命令を組み合わせることにより、「ボール遊び」ができるようになった。私はそれぞれの遊びに、それぞれのルールがあることも覚えた。このように、遊びざかりの私は、知らないうちに、本能を刺激する「遊び」を通して本能を抑制する「しつけ」や、「遊び」のルールを身につけていった。

＊

この「ボール遊び」は自分は走らなくても、私に充分運動をさせることができる便利なゲームだと発見したフラウヘンは、毎日公園の草原で私とボール遊びをしてくれるようになった。だいたいはテニスボールと決まっていた。大きさと堅さからこういう遊びには適していたし、フラウヘンが時々テニスをやっていたので古ボールが家にもたくさんあった。公園にはこうやってテニスボールで遊ぶ犬がたくさん来るとみえて、あちこちにボールが転がっており、私はそれを見つけるのも上手になった。時々真新しいテニスボールを拾ってくると、

「ボニー、偉い、偉い！　これはテニスに使えそうだわ。おまえの遊びにはもったいない」といって、取り上げられてしまう。フラウヘンは時々、道路でもボール遊びをしてくれるが、わざとボールを車道に転がして、私が歩道からとび出す前に、「待て」という。そこでフラウヘンがボールを取ってくるまで、歩道の縁で待つことを覚えた。ボールがコロコロ転がっても、車道には出てはいけないという訓練だった。フラウヘンは、「猫を追いかけても車道に出ないように」と、この訓練をしたそうだが、ボールと猫では面白さに雲泥の差がある。私はいまだに猫が走れば、叱られるのはわかっていても夢中で車道にとび出す。

＊

ヘルヘンとクラウディアはボール投げをすると、必ず一度や二度は、ボールを投げたふりをすることがある。私はとんで行ったはずの方向に走り出すのだが、途中で「アレッ？」

という顔をすると、にやにやと意地悪そうに笑っている。私を裏切ることができないフラウヘンは、そういうことは絶対にしないが、投げたボールがとんでもない方向に行ってしまうことはある。毎日私と遊ぶうちにボールもだんだん直線にとぶようになったが、いくら練習を積んでも、彼女のボールはあまり遠くまではとばなかった。

そこで物足りなくなった私を見て、今度はテニスのラケットでボールを打ちはじめた。さすがにボールは今までになく遠くに飛び、私は全速力でめがけて走り、ボールをくわえてフラウヘンのところに持っていく。広い原っぱでそれを繰り返すとさすがに私はハーハーと息切れがしてくるので、ボールを拾って戻ってくる時は、やや速度を落としてノロノロと走るのだが、投げたボールをめがけて走る時は疲れを忘れてまた暴走した。時々散歩中の人が足をとめて私たちを見ると、

「いいテニスのパートナーが見つかりましたね。ボールはかならず戻ってくるし」

と笑って、フラウヘンに話しかけている。

＊

このように家人によって、私との遊び方が異なるということもわかってきた。また、仲間の犬も近所の猫もそれぞれ遊び方に個性が出る。ベシーは咬み合いをしたがるし、バルーは追いかけっこが好きだ。黒猫ボリスは足が速いので、私も追いかける方が面白いが、三毛猫ムシーはちっとも逃げてくれないどころか、門柱の上からフーッと息を吹きかけてくる。庭のリスと針ネズミも全く正反対の遊び方をする。リスのほうは、私が「遊ぼうよ」

と追いかけると、「捕まえてごらん」といわんばかりに、素早く近くの木に登る。私は追いかけられるところまで追いかけるので、おかげで木登りが上手になった。針ネズミのほうはというと、私が突進して行くと、逃げずにその場でストップするが、同時に身体を針の山にして頭も隠してしまうので、私はその針に当たって痛い目にあったことがある。それ以来、私はソッと足の先で「こんにちは」と転がすことを覚えた。

みなそれぞれ個性があるように、遊び方もパートナーによって異なるというのは面白い発見であった。私は犬の適応性を発揮して、遊び相手にうまく合わせて上手に遊んでもらうことにしている。

第十章　不妊手術を受ける

病院の待合室で

クラウディアはギムナジウムが夏休みになると、すぐに一人で日本に遊びに行って留守にした。その年の八月のある日、私はフラウヘンとヘルヘンと一緒に、生まれた時からなじみの汚い毛布にくるまって車に乗った。車はミュンヘン市内の大きな建物の駐車場に着き、私たちは近くの大きな自然公園イングリッシュ・ガルテンに散歩に出た。温度はかなり上がっていたが大木の茂る公園内は涼しかった。

私は自由に走りまわってリスや鳩を追いかける一方、太い木の根元に残されたさまざまな見知らぬ犬のにおいを嗅ぐことも忘れなかった。自転車と一緒に走る大型犬や、乳母車と足をそろえて散歩する小型犬などがあちこちに見えたが、公園の道は広かったので、狭い一本道で対決しなければならないような緊張した犬との出会いはなかった。

＊

のんびりと心行くまで散歩した後、私たちは公園の端にある大学病院の大きな建物の一角にある待合室に入った。消毒液やさまざまな動物の臭いが入り混ざった不愉快なにおいが鼻をついた。これは数々の予防注射で痛い目にあわされている獣医特有のにおいだとすぐに感づいた。

成犬は、狂犬病、ジステンパー、犬伝染性肝炎、レプトスピラ病、犬パルボウイルス感染症、パラインフルエンザなど、六種混合の予防接種を一緒にするので、一年に一回だけ健康診断を兼ねて獣医と顔を合わせるだけでよいが、仔犬は特に生後一年間、数回に分けて予防注射をするので、何度も獣医の門をくぐることを免れなかった。犬にとって獣医は子供が歯医者に通うイメージである。

私は即座に逃げ出したくなり出口に急いだが、ヘルヘンが引き紐を締めた。入り口近くで雑誌を広げて読んでいる男性の足元に大きなシェパードが横たわっていた。その向い側の椅子に真っ白な縫いぐるみのような猫が入ったバスケットが置いてあった。隅の方の椅子には鳥籠を持った女の子が座っており、籠の中の鳥は時々女の子と話をしていたが、犬も猫も何もいわずにおとなしくしていた。私はヘルヘンの椅子の下に隠れて、好奇心と恐ろしさの入り混ざった気持ちで、待合室の光景を観察した。

＊

鳥籠の女の子が呼ばれて、それと入れ替わりに紐につながれたコッカー・スパニエルが診察室からハーハーと荒い息をしながら主人を引っ張って出てきた。私のほうを白目で見て、シェパードのそばに来ると迂回して通り過ぎ、玄関の方に急いだ。

「やっぱり耳が化膿していました。シェパードの耳は立っているからこういうことはないでしょう。うちのは何しろ耳が垂れていますからよくトラブルが起きますよ」

「そうですか、お大事に」

「ありがとう。お宅こそ。では、さようなら」

スパニエルの主人が上着のポケットから車の鍵をさがす間、スパニエルは革紐をグイグイと引っ張って玄関の方に急いだが、シェパードは紐につながれていないのに、感心にもゆったりと座ったままの姿勢を崩さなかった。ただスパニエルのにおいを追うように鼻先だけ玄関の方向に動かした。やがて鳥籠を持った女の子が、ニコニコしながら診察室から出てきた。

「お医者さまが、ただでこの薬をくれたわよ。私がお小遣いで払うといったら診察料も半額でいいですって」

十五歳くらいの女の子は長い金髪を肩で払いながら、待合い室の誰にというわけでもなく嬉しそうにそう報告した。

「それはよかったわね。で、どこが悪かったの」

犬だけでなく、最近は動物一般に関心が深くなったフラウヘンが、鳥籠をのぞきながら聞いた。

「ちょっとした消化不良を起こしたらしいの。セキセイインコにはよくある症状なんですって。この子は食いしん坊だから……」

子供を持った一人前の母親のような口の利き方にみながドッと笑った。シェパード、猫の患者の順に診察室に呼ばれ、みなが帰った後やがて私の番が来た。

手術を受ける

診察室に入ると、その部屋を鼻で観察する暇もないうちに、白衣の看護婦さんに引き紐が渡され、おやおやと思っていると更に奥の建物に連れていかれた。そこにはたくさんの檻が並んでおり、私が入って行くと犬たちがワンワン、ウォーウォーとやかましく吠え立てた。私は足がすくむ思いだったが看護婦さんの自信に満ちた声に誘われるままにおとなしくついて行くと、真ん中あたりの檻に入れられてしまった。フラウヘンとヘルヘンは別れの挨拶もせずに姿を消したので、きっとすぐにもどってくるだろうと思っていたのに、そこにしばらく置き去りにされるとは思いもよらないことだった。

＊

その日は仕方なく他の犬たちのにおいと吠え声に囲まれて、檻の中で例の家から持ってきた毛布にくるまって寝た。家のにおいがしみ込んだその毛布の上にいれば、家族がすぐに戻ってくるような気がして少しは落ち着けた。そして翌日朝早く、この大学病院の獣医科で不妊手術を受けた。麻酔をかけられるところまでは記憶に残っているが、その後はすべて雲に包まれたような感じでいくら思い出そうとしても無理だった。

私の脚にはコリーから受け継いだ狼爪《ろうそう》がぶら下がっていて、ジャンプをした途端どこかにひっかかって怪我でもするといけないと、麻酔をかけたついでにそれもとってもらった。

不妊手術の経過は良好で、電話では詳しく容態が報告されたが、退院するまでは飼い主はいっさい見舞いに来てはいけないそうだ。飼い主が会いにきたら最後、もう連れて帰ってもらえると思って離れないから犬の見舞いはタブーになっている。

数日たつと入院生活にも慣れ、散歩に連れていってくれる看護婦さんや手伝いに来てくれる獣医科の研修生を見るとしっぽも振った。食事も他の犬たちと競争で早くたいらげ、私は日増しに元気を取り戻し、入院中の他の犬とも仲よく遊んで過ごした。そこには不妊手術だけではなく、交通事故で足を折ってギプスをはめたダルメシアンや、ガンの手術をしたチャウチャウなども入院していた。

私は時々エリザベス・カラーと呼ばれる電気の笠のようなカラーをかけさせられた。傷口をなめると回復が遅いので、傷口に舌が届かないようにしたものである。カラーの直径がかなり広いので、部屋の出入りの際あちこちにぶつかって苦労した。私は生まれて初めて一週間という長い間家族から離れたことになったが、麻酔や手術の痛みで私の思考能力が衰えていたことも手伝ってか、それほど家族を恋しがることもなく、また病院の人たちのいうこともよくきいておとなしかったそうだ。やがて腹部の傷口も治り、抜糸も済んで、もう退院しても心配ないという診断が下された日の午後、看護婦さんに連れられて正面の建物の中に入った。

遠くのほうに見覚えのある人たちの輪郭がボーッと見え、私は一瞬戸惑ったが、次の瞬間それがフラウヘンとヘルヘンであることがわかり、夢から覚めたような心地で看護婦さんが手放してくれた革紐をひきずって行きフラウヘンにとびついた。彼女も涙を流さんばかりに頬ずりしてくれ、私はその顔を夢中でなめた。そして横に立っていたヘルヘンにもとびつこうとしたが、手術したてのお腹がつっぱって痛み、顔まで届かなかった。ヘルヘンはそれを見るとすぐにしゃがんで、私の頭を両手でやさしく撫でてくれた。

一人前になること

雄犬は、幼犬時代は雌犬のようにしゃがんで用を足すのだが、やがて後ろ足を勢いよく上げるようになると、飼い主は決まって、

「やっとお前も一人前になったか！」

と感激し、正常な成長にほっとするようである。それに比べて雌犬の成熟の印は「発情期」の生理現象の到来である。雌の成犬には血をポタポタと流し、フェロモンを発散させて雄犬の嗅覚を刺激する発情期が年に二回ある。ちなみに狼の雌の発情期は一年に一度だけだそうだ。それに雄犬が一年中交尾できる状態にあるのに比べて、雄の狼は年に一度だけ短期間さかりをむかえるというのも犬と狼の大きな違いである。概して家畜化された動物は野生の同種に比べて妊娠する頻度が高いことが知られている。

雌犬が発情期を迎える時期は、生後八ヵ月から九ヵ月目の頃がふつうだが、小型犬は成熟が早く大型になるほど遅いといわれる。私は生後十ヵ月の頃に「初潮」を迎えた。初めのうちはほとんど自分でなめて清潔に保っていたので家人は気がつかなかったのだが、や

がて家の白っぽい絨毯のところどころに血の跡を発見した。この時期になると、その特殊なにおいに誘われて雄犬たちが雌犬の家の前をうろつくといわれるが、この近所では、放し飼いの雄犬がいるわけではないのでそのようなことはなかった。ただ散歩中に、どこからともなく知らない雄犬たちが寄ってきて、後をしつこくつきまとわれ、閉口したのを覚えている。雌犬は「初潮」の時は本能的にまだ雄犬を受け入れないといわれているが私もかたくなに拒絶し通した。

雌犬の年二回訪れるこの時期が煩わしいからという理由で、雄犬を飼う家も多い。雌犬を飼っている家では、三週間の発情期間で交尾の可能性のある後半は家から出さないとか、雄犬に出会わないように真夜中に散歩するとか、注射をしたり、あるいはスプレーを使ってにおいを消すなど、さまざまな工夫をしているという。確かに、雌犬を飼ったら飼い主が必ず頭を悩ます問題の一つである。生後八ヶ月の頃から家では私に不妊手術をさせるかどうかについて熱心に討議された。家人は犬の専門書をひもとき獣医や知合いの飼い主の意見に耳を傾けた。

不妊手術の賛否

まず生殖行為を完全に否定するというのは不自然ではないかという問題だが、狼の場合でも、群れの中ではアルファ雄だけがアルファ雌と交尾できるルールになっていることを考えれば、どういう状態が自然か不自然かはひと言ではいえない。しかし、手術をして不妊にしてしまうというのは、自然界にはないことで、後遺症が出るのではないかと家族は心配した。

去勢された牡馬の例がよく出されるように、不妊手術をほどこすと、動物は一般におとなしくなるといわれている。また手術後、太る傾向があるとも聞いている。盲導犬の場合、性に対して消極的であるという理由で原則的に雌犬が選ばれ、その上必ず不妊手術を受けさせることになっているが、別にそれで性質に悪い影響が出た例はないそうだ。家では、気性の安定した盲導犬も手術をするならば、後遺症の心配もないだろうという考えになった。

現在の飼い犬の状況から考えると、雄犬も種犬にさせる予定がない場合は去勢手術をした方が幸せな犬になれるという人もいる。雄犬は、近所の雌犬たちが発情するたびに誘発されて、雄犬自身も、またそれを見ている飼い主たちも、やりきれない状態が続くことがある。大変よくしつけられたアイリッシュ・セッターのブルリは今こそ落ち着いた老犬だが、若い頃、発情した雌犬が道路の向こう側を歩いていた時、とび越えたこともない垣根も越して突進して行き、運悪く走ってきたトラックにはねられ片足を折ったという。性欲に負けて理性を失う犬は多い。

＊

また、雑種の場合は生まれた仔犬をどうするかということも大問題である。仔犬がみな私と同じように幸せな犬になれるという保証は残念ながらない。雑種の優秀性には自信を持っていたフラウヘンとヘルヘンではあるが、現実の世界ではまだまだ純血種尊重、雑種卑下の傾向が強いことを認めないわけにはいかない。そこで生まれる子孫のことを考えても不妊手術をほどこすことが賢明であるという結論に達した。やがては雑種優先の時代が来るかもしれないが、今のところは可愛がってもらっている雑種ほど、不妊手術を受けるケースが多いといわれる。

そして時期としても第一回の発情期が終った後がよいといわれ、八月の半ば、満一歳一ヵ月の時に、手術を受けることになったものである。手術の後、心配されたように太ることもなかった代わりに、みなが期待したほどおとなしくもならなかった。それ以来、屋内では絨毯を血で汚すこともなく、屋外では雄犬に追い回されることなく、いつでもどこへでも行ける身になった。

家の庭でリスを追いかけているうちに、木登りが上手になった。クラウディアと

第十一章　犬の学校

ドルックこそ本物の犬だ！

クラウディアがよく連れていってくれる散歩道の途中に、私の相手をして遊んでくれるドルックという名のシェパードの雄が住んでいる。私はその家の前を通るたびに彼が庭で遊んでいるのではないかと、ヒバの垣根の間から中をうかがうことにしている。庭に出ている時は、ドルックはたちまち私を見つけて鼻声でねだり、飼い主は必ず庭の戸をあけてくれるので、私たちは道路で一緒に遊び回る。そのうちにドルックは応接間に座っていても、私が家の前を通るとすぐに気がつくようになり、「ワウン、ワウン」と声をいくぶん高くして訴えるようになった。ご主人か奥さんがその声を聞きつけて、

「また、ボニーが来たのかい」

といって、少しも面倒がらずにいつも彼を外に出してくれる。ある日の夕方、めずらしくヘルヘンと一緒に散歩に出た私は、いつものようにドルックの家の前で垣根から鼻を突っ込んで彼に合図をすると、ご主人がいつものように庭の戸を開けて彼を出してくれた。ドルックは私のヘルヘンに会うのは初めてなので、まず彼のにおいを嗅いで確かめた。

「ボニーのヘルヘンですか」

「こんにちわ、ドルックのヘルヘンですか。はじめまして」

彼らは握手して紹介し合った。犬を介しての友達は本名を名乗る必要はない。ドルックは私のヘルヘンのにおいを鑑定した後すぐに向き直り、私も待ってましたとばかり追いかけっこに誘った。一本道の土手の上は高速電車が走っており危ないが、そちらに近づかないようにドルックは上手に身をかわしながら私の相手をしてくれる。時々軽く咬み合って喧嘩の真似をすることもあるが、彼はあたかも歯がないように柔らかく咬む。そして時には、大きな胴をクルリと倒して私にお腹を見せて、わざと「降参！　降参！」といって負けになってくれる。そういうドルックを見た私のヘルヘンは感心して、家に帰るといった。

「ドルックみたいなのが本物の犬だ！」

「ドルックは、本当によくいうことをきくのよ。今、犬の学校で上級コースに入っていて、もうすぐ期末試験があるって彼のヘルヘンがいっていたわ」

ドルックをいちばんよく知っているクラウディアがそういうと、フラウヘンは目を輝かせた。

「まあ、どこに学校があるのかしら。ボニーも学校に行かせましょうよ」

「ホラはじまった。日本人は学校と聞くとすぐに子供を行かせたがるんだから」

クラウディアが苦笑いした。それでもフラウヘンは、翌日さっそく私を連れてドルックの家のほうに散歩に行くと、学校の住所と電話番号を貰ってきた。

口頭試問

さわやかな秋晴れの土曜日の午後、私はフラウヘンと一緒に車に乗ってウンタービーベルクの広い運動場にやってきた。そこの入り口近くに小屋が建っており、その前に広がる野原には数匹の犬たちが障害物を乗り越えたり、棒をくわえて持ちかえったりして遊んでいた。遠くのほうで走り回っている犬たちは私よりも小さく見えたが、犬たちに命令を下している人の身長から推しはかるとみな大型犬のようだった。

＊

まもなく、Tシャツの男の人がやってきて、

「お電話を下さったグレーフェさんですか」

とフラウヘンに聞き、がっしりとした手を差し出して握手すると、今度はその手の甲を私の鼻先に持ってきて彼のにおいを充分嗅がせてくれた。そして見かけによらぬやさしい静かな声で、

「お前がボニーかい」

と話しかけてきた。私はしっぽの先の方を少し振ってそれに答えた。

「きれいな犬だね。お前はシェパードとコリーのミックスかい？」

彼は私の顎を下から撫でるようにして顔をのぞき込んだ。私は鼻をヒクヒク動かして、彼のジーパンのにおいを嗅いだ。さまざまな犬のにおいがしみ込んでいた。彼はこの犬の

学校の訓練士だそうだ。私の首や頭を撫でながらフラウヘンに質問した。

「何歳ですか」

「一年三ヵ月です」

「ちょうどよい時期ですね。学校はあまり早くても遅くてもいけません。気立てもよさそうですね。雄ですか雌ですか」

「雌です」

「雌ならばまだクラスの席が空いていますから、十月末からの初級コースに入れてあげられますが、さかりの時期に当たったらご遠慮願います」

「大丈夫です。不妊手術を受けましたから」

「予防注射も規則的にやっていますか。それでは事務所で秘書から入学願書をもらって下さい。予防注射のコピーを添えて入学金と授業料とともに出して下さい」

そしてもう一度私のほうに向き直ると、

「お前はなかなかの器量よしだね」

彼はそういって私の身体を軽くポンポンと叩いた。これが犬の学校に入学するための口頭試問だったそうだ。フラウヘンは私が犬の専門家からもきれいだとほめられたと、家に帰ってその経過を誇らしく報告した。

「ドッグ・ショーに連れて行ったのならともかく、学校では容姿は関係ないだろう」

ヘルヘンは笑っていた。

飼い主の保護者会

やがて学校が始まり、最初の日は保護者会ということで私たち犬は出席せず、フラウヘンとクラウディアが出かけた。飼い主たちは夫婦で出席した人も多かったそうだ。授業は週二回で、初級コースは二ヵ月半で終る。しかしこのコースを卒業できるかどうかは試験で決まる。レッスンはそれぞれの犬の学校所属の訓練士に受けるのだが、試験はドイツ愛犬協会からわざわざ試験官がやって来て客観的な基準で行われるということだった。

レッスンに付き添う人は、初級コースの間は同一人で通さなければいけないといわれ、この期間に休みなくレッスンに通えるのはクラウディアだけだったので彼女が受け持つことになった。クラウディアは当時十五歳で、出席した保護者の中では最年少だったが、私のしつけでは、すでに家族の中ではいちばん熱心でしかも厳しかったからこの役目も喜んで引き受けた。

犬同士の社会性を養うことに重点が置かれ、レッスンはすべて団体で行われる。フラウヘンが時間のある時は一緒に車で来ることになったが、クラウディアだけの時は自転車で通うことになった。学校まで往復十キロあり、ちょうどよい運動になった。また授業がはじまる前には必ず散歩に行って用を足しておかなければいけない。運動場で粗相すると、小の方は十マルク（約七百五十円）、大の方は三十マルク（約二千二百円）の罰金を払わされるそうだ。

服従訓練

さて最初のレッスンの日、私たちは短い引き紐でそれぞれの主人に連れられて運動場に集まった。クラスは雄と雌が五匹ずつ合計十四で犬種は十四十色であった。付き添いの飼い主も男女半々に見えた。その日はワンワン、キャンキャンと騒々しかった。私たちは一列に並んだおのおのの主人の左にまわされ、まず最初は、

「スワレ!」

という命令の練習だった。私はこんなことは家でもうとっくに覚えたことだから、こともなくできた。横のボクサーは何のことかわからないらしくウロウロしていた。訓練士が来て、紐を右手で引っ張りながら左手でお尻を押さえるようにとヘルヘンに教えていた。ボクサーは訓練士が来て手を貸すとおとなしく腰を下ろすが、訓練士が離れるとまたすぐに立ち上がってしまう。そこに居合わせたヘルヘンやフラウヘンがドッと笑った。一番端のエアデール・テリアも浮き腰でごまかしては訓練士に注意されていた。レッスンのあいまに休憩があり、クラウディアと追いかけっこをして芝生の上をかけ回った。一ヘクタールあるといわれる運動場は広く、他の犬に邪魔されずに存分にクラウディアと鬼ごっこができた。

＊

学校のレッスンの中で、みながてきなかったのが「つけ」であった。主人の足元につい

犬の学校での訓練風景

て歩調を合わせて歩く練習だが、この命令で歩調に遅れて叱られる犬はまずいない。どの犬もテンポが速くなりすぎる傾向がある。ゆっくり歩くことはとくに若犬は苦手である。私にとって難しかったのは、「伏せ」をしてクラウディアがドンドン遠ざかっていくにもかかわらず、そこで待ち、しかも彼女がまた戻ってきて私の真ん前に立つまで同じ姿勢を崩さずに待つという課題だった。

私だけでなく他の犬たちも、つい飼い主の後にチョロチョロついて行ってしまったり、飼い主が戻ってくることがわかると、喜んで迎えようと早目に立ち上がったりして、そのたびになだめられた。命令が解かれるまでその場に釘付けにされたように待つという訓練だったのだが、この間どの犬も自分の飼い主から目を離すことはなく、他の犬に気を取られることもなかった。私もクラウディアの一挙一動を目で追った。

＊

とにかく犬のしつけの基本は「服従訓練」だということで、「座れ」、「伏せ」、「来い」など、それぞれの言葉の意味を覚えるだけでなく、その命令を聞いたら、どんな時でもどんな場所でも、それこそ反射的に座ったり、伏せたり、とんでくるようにならないと本物ではない。私はこれらの命令を頭でこなすのは早かったが、気が向いた時だけしか命令に従わなかった。つまりほうびのビスケットでもチラチラしていたら、サラリとやってのけたが、やる気がない時はクラウディアにとび上がってふざけてしまった。

レッスンの間はずーっと引き紐につながれたままだったので、私は時々授業に飽きると、革紐にじゃれて遊んでしまい、クラウディアに何度となく叱られた。また授業参観に来たフラウヘンに気をとられてついつい後ろを振り返ったりフラウヘンの方に走り寄ったりして、クラウディアを困らせた。そんな私を見てフラウヘンは訓練士に叱られていた。

「犬が気を取られて集中できないから、そこに立っていないで下さい！」

それ以後、彼女は授業参観に来た時は、事務所の窓からそうっと見ていたそうだ。しかし私はいつになっても遊び半分でどうにも手のつけようのないオテンバだった。特に放課と授業の違いをわきまえず、一度遊ぶと授業のベルが鳴っても知らん顔で、なかなか手に負えない生徒だった。そこでついに訓練士は犬の学校内だけで使用するという条件で「刺《とげ》つきの鎖」という首輪を買うことを薦めた。フラウヘンがペット・ショップにその恐ろし

い響きの鎖を買いに行くと、店の主人が、

「こんな可愛らしい犬に刺つき鎖が必要なんですか？」

と驚いた様子で私をしげしげとながめた。学校の訓練で必要だからというと、

「必ず訓練士の指図にしたがって使用して下さいよ」

と念を押して売ってくれた。この鎖は主人がグッと引っ張ると、中側にボツボツ出ている刺が首をキュッと締めつけるので首筋が痛い。よほど荒々しい犬の訓練に使うものらしいが、私のふざけた態度が少しも矯正できないので、私は犬の学校のレッスンの間だけこの鎖の首輪をはめられた。さすがに痛い目に合うのはイヤなので、すぐに効果があらわれ、学校の授業中はおとなしくなり、まもなくその鎖をはめなくてもいうことをきくようになった。


それどころか、学校はまじめな態度で出席しなくてはいけないのだということがようやくわかり、私はやがて先生にもほめられるようになった。もっとも私はほめられると、すぐにいい気になって、はしゃぎ回る癖があった。

飼い主をしつける⁉

天気のいかんにかかわらず授業は行われたが、あまりひどい雨の時などは、犬を交えて飼い主たちと訓練士との懇談会になった。

「学校でやった練習は必ず家で繰り返して下さい。しかし、他の犬と面白そうに遊んでい

て、主人のところに来そうもない時に『来い』の練習をしても逆効果になるばかりです。主人の方向にとんできそうな時をつかんで『来い』といい、来たらほめてやり、次第にその繰り返しで『来い』という音声と喜んで主人の所に行くという動作が反射的に結びつくようにするのです。訓練のでき上がった犬は、他の犬と遊びに夢中になっていても、主人が『来い』と呼べばすぐにとんできます」

「一体、いつそうなるのかしらねえ」

飼い主たちは半信半疑で溜息をついた。髭をはやした若い青年が、

「来たら必ずほめることがよいとわかっていても、家のアスターなんぞは、散歩の途中いくら『来い』と呼んでも知らん顔で、しばらくあちこちほっつき歩いた挙げ句、飽きた頃にノソノソと戻ってくるんです。そんな時さんざん待たされた僕としては、とてもほめてやる気にはなれませんが、それでもほめるんですか」

そう質問をすると、そこに居合わせた飼い主がまさに家の犬もそのとおりだと声をそろえていった。

「そうです！　そういう時でもすぐにほめないといけません。主人のもとに行ったらほめてくれるということを頭にきざみ込む必要があるのです。そんな時に叱ったら、主人のところに行ったら叱られるからやめようという犬になってしまいます」

訓練士は自信を持ってそういいきった。

「それから、またいけないのは『来い』と命令しておきながら、途中で諦めることです。

例え命令を出した主人がまちがったと気がついても、命令を出した以上はそれを押しとおすことです。つまり一貫性を持たせることが成功の秘訣です」

まちがっても正しいふりをせよという学校教育である！

「主人は常に犬の一歩先を見ないといけません。他の犬を見たら走り出す癖のある犬には、走り出す前に禁止することです。走り出してしまったら、もういうことはききません。飼い犬を毎日見ていたら、これから何をしようかということはすぐにわかるはずです」

訓練士はなかなかよいことをいう。

「それから叱る方法ですが、絶対に犬を手で叩いてはいけません。手で叩くと犬は手を怖がり、ちょっと人が撫でようと手を触れても、その手を咬む犬になることがあります。どうしても叩かなければならない時は新聞紙を丸めて叩くことです。痛い目にあわせるよりも、驚かせる効果をねらうことです」

今度はうちのフラウヘンがなるほどとうなずいていた。彼女は私を手で叩く悪い癖がある。

「それから、よく大声を上げて犬を叱る人がいますが、犬の耳は人間の耳よりはるかに敏感ですから、小声で充分聞こえています。大声は、緊急時にとっておかないといけません。また、よく飼い犬にだらだら説教している飼い主がおりますが、そんなことは効き目がありません。……こんなことをしたらもう餌をやらないよと脅したり、もう口をきいてやらないからと怒ったり、罰として散歩をキャンセルするなど……飼い主は仕置をしたつもりなんでしょうが犬には全然通じません」

会場は笑い声で包まれた。

「犬をしつけるには忍耐が必要ですが、実際は主人よりも犬のほうがずっと忍耐を強いられているということを覚えていて下さい。さあ、そろそろ雨も上がったようですから犬たちを外に出してやりましょう。よく我慢しておとなしく座っていましたからね」

そこに居合わせた私たちはいっせいに立ち上がった。この犬の学校は、本当は飼い主をしつける学校ではないかと思われた。

小型犬と大型犬

レッスンのうちには、他の犬たちを伏せの状態で一列に座らせておいて、一匹ずつ主人についてスラロームのように犬のそばを順々に通り抜けていくというゲームがあった。座っている犬たちも通り抜ける犬たちも、絶対に吠えたりしてはいけない。一見ビーグル風のテリアは大型犬がそばを通ると必ずといっていいほどキャンキャン吠えたし、中にはそばをウロウロして危うく足を咬まれそうになる犬もいた。だいたい騒ぐのは小型犬が多かった。

またみな一列に並んで、訓練士の号令で一同が伏せることも要求された。号令が野原に響くとみな前足をツルリとすべらせていっせいに低くなるのは壮観だが、ダックスフントは伏せができなかった。否、できないのではなく、頑固に立ったままで命令を無視した。

しかしもともと身体の小さい彼は、立ったままでも目立たず結局そのまま最後まで押しとおしてしまった。彼のヘルヘンも、

「個性の強い典型的なダックスフントなんですよ」

といって、どちらかというと命令どおりに動かない飼い犬を誇りにしているきらいがあった。成績だけでいうと、学校では大型犬に比べて小型犬のほうが点が悪かった。これは小型犬が訓練に向いていないというわけではなく、飼い主が訓練に熱心でないという理由に他ならない。小型犬の場合は紐であやつっていられるし、いたずらをしても飼い主が抱き上げてしまえばそれで解決することが多い。また、たとえ咬みつくことがあったとしても大怪我をさせることがないという安心感から、飼い主が真剣にしつけに取り組まないケースが多い。

私はクラスの中では大きいほうに入った。私くらいの大きさになると力も強いから、紐を引っ張って主人を転ばせることも朝飯前だ。それに本気で人に咬みつきでもしたら、命にかかわる怪我をさせないとも限らない。だから大型犬の飼い主は真剣に犬を訓練する。力でなく、言葉で百パーセント主人に従う犬に育てないと安心できないからである。それがこの学校でも小型犬と大型犬の成績の相違として表れた。

初級コース卒業

やがて初級コースが終り、試験の日が来た。二匹ずつ組んで試験を受けることになり、

私はクラスでも初めから仲のよかったエアデール・テリアのズージーと組んだ。試験官は法廷の裁判官が着るような黒いマントのような衣装を羽織り、手に大きなノートを持って現れた。マントが風をきって、なかなか威厳があった。

私はクラウディアに連れられて彼の前に立ち、「座れ」から始まって、クラウディアの足元にピタリとついて歩き回り、「伏せ」の状態で待ち、遠く離れたクラウディアがまた戻ってくるまで微動だにしなかった。これまで覚えたことの総ざらいのようなものでとくにむずかしい試験ではなかった。命令を全部おとなしくこなしたので私は満点で合格し、犬の免状をもらった。

「お宅のボニーは本当によくできるようになりましたね。初めはちっともいうことをきかなかったのに」

事務所の窓から試験の様子を見ていた飼い主たちが口をそろえてフラウヘンにそうもらしたそうだ。クラウディアも家に帰ると、

「ボニーって、いつにない模範生ぶりを発揮するんで驚いたわ。今日は試験だっていうことがわかってるみたい。笑っちゃうわ」

とヘルヘンに報告していた。私は試験に落第するとまた学校に通わなくてはいけないということはもちろん知らなかったのだが、クラウディアをはじめ何となく周りの人たちの緊張感が伝わってきて、今日は真面目にやらなければ、と思ったまでのことだった。

「このお免状を額にでも入れなくては」

Sport- und Gebrauchshundeverein

Neubiberg e. V.

URKUNDE

DER RÜDE/DIE HÜNDIN Bonnie

RASSE Schäfer-Mischling

BESITZER Frau Claudia Graefe FÜHRER dto.

ERHIELT BEI DER PRÜFUNG Grundkurs AM 11.12.1987

DIE BEWERTUNG bestanden MIT ./. PUNKTEN

PRÜFLEITER

LEISTUNGSRICHTER

SGVN e.V.

SPORT- UND GEBRAUCHS-
HUNDEVEREIN
Neubiberg e.V.

犬の学校初級コースの卒業証書

フラウヘンは犬の絵入りの卒業証書をながめて大満足の様子だった。

学校が嫌い

訓練士はその後、中級、上級とコースがあるので続けるようにと薦めたが、学校が忙しくなったクラウディアは週二回通うことが無理だったので、犬の学校はしばらく休学することにした。しかし一年後にフラウヘンが少し暇ができたので、今度は中級クラスに入って毎週通うことになった。このコースでは、車を安全によけたり、人にとびつくことをやめたり、道に落ちている食べ物を無闇に口に入れたりしないような、かなり実用的な訓練をするコースだった。私はこのうちどれも満足にできなかったので、ぜひこれらのことを身につけてほしいとフラウヘンは熱心に私を連れて通った。

授業の前には、必ず用をすませておかなければいけないこともあって、車から降りるとまず散歩に出た。学校の周りは広い麦畑になっており、細いあぜ道はどこまでも続いていた。初級コースの時は何も生えていなかった土ばかりの畑だったが、いつのまにか一面麦でおおわれ、波打つ麦穂に見え隠れしながら野ウサギのようにピョンピョン跳ね回り、時を忘れてフラウヘンと戯れる一時は最高に楽しかった。

やがて散歩を終えて学校の門の前まで来ると、私はさっさとその前を通りすぎて駐車場のほうに急いだ。私はどうも学校が好きになれなかった。それでもフラウヘンに呼ばれる

と仕方なくノソノソついて行ったのだが、授業中私のしっぽがだらしなく垂れているのを訓練士が指摘して、

「犬が喜んで学校に来るようでなくてはいけません。ボニーのしっぽが嬉しそうに揺れているのは、放課の時だけですね」

といった。他のクラスメートはと見ると、みな、さかんにしっぽを振りながら主人の足元にからむようについて歩き、目を輝かせて命令を待っている。それに気がついたフラウヘンはすっかり自信をなくした。犬よりも人を好む傾向が顕著に出てきた時期でもあり、大勢の犬が集まるところは好きになれない私の性質が影響しているのか、あるいは、前に使った「刺つきの鎖」で、学校のイメージがすっかり怖いところになってしまったのか自分でも理由はわからないが、学校に喜んで行く気にはなれなかった。

「ボニーは学校はあまり好きではないみたい。別に警察犬にするわけではないから、これ以上嫌いな学校に無理に連れていくのはよすわ」

といって、「教育ママ」のフラウヘンもとうとう退学届けを出した。秀才のドルックはというと、時々土曜日のクラスで会ったのだが、授業中の彼は私が近づいても知らん顔をして、あたかもヘルヘンしか目に入らない様子だし、私が甘ったれた声で話しかけても、耳をピンと立てて訓練士の号令に集中していた。さすがに優等生の彼は障害物をとび越えたり、はしご段を登ったりする上級試験にも受かり、現在ジャーマン・シェパード協会の全国大会出場を目指して訓練中と聞く。

ドルックのヘルヘンの話だと、ドルックは彼の七四目の飼い犬で、犬を訓練するのが彼の趣味だという。その七四の犬の中には、訓練しすぎでノイローゼになった犬もいたという。わが家では、

「ドルックみたいになれなくても、ボニーはこれで上等、上等！」

ということにおさまった。

＊

数年後になってローカル新聞で知ったことだが、隣村には犬の幼稚園もできたという。ひとりっ子の犬が多いなかで、犬の社会性が養われないことを心配した飼い主たちがボランティアではじめたそうだが、なかなか人気があるそうだ。毎週土曜日の午後、幼犬を集めて広い野原の一角で一緒に遊ばせながら、犬同士のエチケットを学ばせるというものだそうだ。私も兄弟から離れた時期が少し早かったせいか、どちらかというと犬同士の付き合い方が下手である。

「幼稚園で他の仔犬たちと存分に遊ぶチャンスがあったらよかったのに。ボニーの小さい頃は幼稚園なんてなかったし……」

とフラウヘンは残念そうにいっている。

犬の幼稚園で仔犬たちが遊ぶ

第十二章　お留守番

オーミのドッグ・シッター

フラウヘンがお化粧しはじめたので、外出するとわかり、私も連れていってもらえるかなと期待に胸をふくらませて尻尾の先を緊張させて見ていた。すると彼女はネックレスをかけ、そのうえハイヒールまで履きだした。もうこれは一緒に行けないとわかった私は尻尾の力が抜けてしまった。やがて彼女は私をオーミの住まいに連れて行った。二階にあるオーミの住居は、いったん庭に出てからでないと入れない。

「オーミ。今夜、犬のベビー・シッターしてもらえるかしら？」

居間に座ってテレビを大きくつけているオーミにフラウヘンは話しかけた。

「犬？　ベビー・シッター？」

彼女は怪訝な顔をした。

「今日は、フォルカーと私は大晦日のパーティーに招待されてるので、悪いけど出かけることにしたの。だから今夜はボニーの『ベビー・シッター』つまり『ドッグ・シッター』を頼みたいの。ふつうの日ならボニーは家のほうでちゃんと独りで留守番できるけど、今日は夜中の十二時に花火がドンドン上がるでしょう。花火を犬はとっても怖がるということだから、オーミが一緒にいてくれればボニーも安心すると思うの。あずかってくれる？」

するとと彼女は二つ返事で「ドッグ・シッター」を喜んで引き受けた。私はオーミのところで留守番をすることになったようだ。

＊

その日は少し早めにいつもの缶詰の夕食をもらった。ヘルヘンは久し振りに蝶ネクタイを締めて、七時頃フラウヘンと一緒に出かけてしまった。車の音が遠ざかるまでオーミの住まいの厚手のドアに耳をつけて別れを惜しんだ私は、もう戻って来ないことがわかると諦め、直ちに居間のテーブルの上のオープンサンドの前にお座りしてかまえた。

「これはオーミのよ。おまえはダメ！　わかった？」

と、フラウヘンが二度も念を押して置いていったごちそうが、まだそっくりそのままテーブルの上にのっていた。もちろんそれが自分用でないことは承知していた。つまり、フラウヘンが「これはオーミのもの」だといったから、オーミがくれればもらってもいいということである。大晦日なので、オープンサンドは特別の金ぶちの大皿に、パセリやレタスやトマトできれいに飾って盛ってあった。私はそんな飾りよりもレバー・ペーストの塗ってあるパンを凝視して鼻をピクピク動かした。

「おまえ、お腹がすいてんだろ、そら、おあがり。レバーがいいのかい？」

物わかりのよいオーミは、さっそくレバー・ペーストのパンを一個、私に取ってくれた。

手頃な大きさなので私はペロリとたいらげた。ふつうの日はただの小牛のレバー・ペーストだが、今日のはトリュフが入ったアヒルの特製レバーだった。これはオーミの大好物でもあったので、二人で仲よく数個ずつ分け合った。入れ歯のオーミは柔らかいものを好んでペースト状のティーヴルストを、歯の丈夫な私は選り好みせず、ハンガリーのサラミや燻製のハムもどんどん引受けた。スイス・チーズやオランダのゴーダ・チーズは、彼女が歯でちぎろうとするとポロポロと下に落ちるので、私は掃除機の役割も果たして、床だけでなく膝の上もきれいに掃除してあげた。

ふつうなら一時間以上かけないと片づかない夕食も、今日は私の助けで早くすんだ。お皿を見回すとトマトとパセリがまだ残っていたが、これはオーミにまかせて、私はソファの上で丸くなって休むことにした。オーミは、私がベッドに上がっても、ソファに乗っても許してくれるので、ここに来るとそういう人間らしい特権を楽しむことにしている。彼女はビールをおいしそうに飲みながらテレビを見、時々私の頭を撫でてくれたが、そのうちにまぶたが重くなり私たちは椅子の上でウトウトしはじめた。

年越しの花火

突然テレビの音楽が鳴り響き、いっせいに歓声が上がった。年越しを告げる番組だった。オーミも私もびっくりして目を覚ました。その瞬間、応接間の窓からもチカチカと光るものが見え、同時にドーン、バーンという音がして、近所で花火の打ち上げがはじまった。

オーミはカーテンを開けて窓からのぞき、私も窓辺の暖房器にそっと前足をつけて背伸びをし、一緒になって外をのぞいた。寒々とした夜空に花火の輪が広がった。雪は降っていなかったが、かなり寒い、零下十度を下回る夜で、凍りついた公園をはさんで向い側の三毛猫ムシーが住んでいる家の庭から「ヒュー、ヒュー！」という音とともにロケット花火が続けざまに上がった。

大晦日はどこもここもやかましい。十二時前には花火を打ち上げることが禁止されているが、年が明けると共に待ってましたとばかりあちこちの家から花火が上がる。ここに来た年の暮れは数人の来客と共に庭で花火をやったことを覚えている。

「ボニー。ホラ、これが花火というものだよ」

ヘルヘンは空になったワインの瓶に棒状のものを立て、その先にライターで火をつけると、棒の先が「シュー！」という音と共に真っ暗な夜空にむかって尾を引くように上がり「バーン」という爆音がして火花になって四方に散った。

「スパニエルは花火が大好きで、方々で花火が上がる大晦日になると、家でもやってくれとワンワンせがむので、犬のために花火を打ち上げることが恒例になっていたんだよ」

と昔の愛犬を思い出して、きっと私も面白がるだろうとやってくれたのだが、私はこの爆発音と煙や火薬のにおいは好きになれなかった。しかし家族と一緒だったので、別に怖いものだという印象は受けなかった。それから一年たった去年の大晦日は、犬好きのアナリーゼの家でパーティーをしたので、私も同伴が許され、十二時にはみなで近くのビルの屋上に上がって花火を見上げたことを記憶している。風の強い日だったが、空から大晦日のミュンヘンを見るという物好きな観光客を乗せたヘリコプターが、あちこちに舞い上がる花火の間を縫って夜空を旋回していた。確かに動物は、雷の音や光に敏感で、この一年に一度の雷にも似た花火の打ち上げがはじまると、気が狂わんばかりに逃げ回るという犬や猫の話もよく聞く。動物愛護協会では、動物を怖がらせるこの馬鹿騒ぎをやめさせようと署名運動をすすめているということだが、まだ中止になっていないどころか、景気に拍車をかけて年ごとにさかんになってきている。日頃騒音に神経質で、犬が吠えても怒るドイツ人が、大晦日にはバンバン、ドーンと花火を上げてドンチャン騒ぎをするのは理解しかねる。私は動物の立場に立つと、これはどうしても賛成できない行事の一つだと思うので署名の用紙が回ってきたら、ぜひサインをしようと待っている。

閉め出されて

さて、好奇心の強い私は、花火が上がると外に出てにおいを嗅いでみたくなり、階段を降りて、外に行きたい意思を表明した。

「外に出たいのかい。よしよし、出してあげよう」

オーミはそういって、階段の手すりにつかまりながらゆっくり降りてきた。玄関のドアを開けると冷気が一度に暖房のきいた部屋に流れ込んだ。それと同時に一年前に嗅いだ覚えのある花火独特の火薬のにおいも鼻をついた。私は風上に向かってかけ出し、家の庭にも落ちてきたロケット花火の燃えかすを見つけた。注意しながら鼻をのばしてにおいを嗅いだ。

大晦日の翌日、つまり元旦に散歩に行くと、こういう花火の残りが道路のあちこちに落ちている。中にはまだ燃えきらないものがあり、それが時々地面を這い回ることを知っているので、充分注意して近づくことにしている。一応庭をグルリと点検し異状なしと確認した後、私は凍りついた地面にしゃがんで用を足すと、急いでオーミの住まいの玄関に戻りドアをノックした。

私は独りでドアをあけることができない。仲間の中にはドアの取っ手に前足をかけて戸が開けられる犬がいるし、中には差し込み型の錠前まで上手にはずすことができる犬までいるという。私にできるのはノックだけだが、オーミは耳が遠い上にテレビのボリュームを格別大きくしているので、ノックの音は聞こえないようだ。私はクンクンないて催促したが何の反応もない。

どうも私を外に出したことも、また今夜は私のドッグ・シッターをつとめていることも、すっかり忘れてしまったらしい。しかたなく私は外で寒さをこらえて、ヘルヘンたちの帰りを待った。だいたい犬は暑さよりも寒さに強いし、私ももちろん寒いほうが好きだった。小型のお座敷犬などは、長時間雪遊びをすると肺炎や膀胱炎にかかるといわれるが、私は雪の上でも平気で長い間座っていられる。時には座った場所の雪が体温で溶けてポッカリ跡がつき、みなをびっくりさせることもある。

しかし自分の意に反して外に閉めだされてしまった夜はさすがに寒々と感じた。アラスカなど厳寒な土地で訓練されたシベリアン・ハスキーとは違い、暖房のきく屋内育ちの私にとっては、何時間も零下十度の戸外で待つことは、かなりの忍耐が必要だった。

戸外でのお出迎え

時々諦めずに玄関の戸をノックしてみたが、オーミが出てきてくれる様子は全くないどころか、彼女はもう寝てしまったようだった。私は寒くなると、少し場所を移動したり庭を走り回って運動したが、ヘルヘンたちが帰ってくるのを逃してはならないと、すぐに前庭に戻っては聞き耳を立てていた。幸い雪が降らなかったので、気温は低くても空気は乾いていた。花火が終った後の表道路は森閑としていて、人や車はもちろん犬も猫も通らない。ただただ冷えきった前庭で蔦の絡まった唐檜の大木が、時々風にゆれて不気味な音をたてるだけであった。それから、どれくらい待ったことだろう。突然ガレージの戸が開くのが聞こえた。うちの車はセンサーがきく距離になると、リモート・コントロールでガレージの扉を開けることができるので、私はその音で家人の帰宅を探知する癖がついていた。

＊

まさか私が前庭で待っているとは思わないヘルヘンとフラウヘンは、私がヒーヒーとなきながら鉄の扉に跳びつくとさすがに驚いた様子だった。フラウヘンは私の冷えきった毛皮を彼女の温かいミンクのコートにくるんで、

「まあ、長いこと外で待っていたの！」

といって頰ずりをしてくれた。ヘルヘンはお酒がほどよく回って上機嫌なので、

「ボニー、あけましておめでとう！　今年はまだ一度も家に入らずにヘルヘンの帰りを待っててくれたのかい？　忠犬ボニー！　よしよしキスをしてやろう」

と冗談をとばして、私の大嫌いなアルコールのにおいをプンプンさせた。私はしっぽを振りながらも、彼のキスは遠慮した。

「オーミは、きっとボニーを外に出したまま忘れてしまったのね。彼女の惚《ぼ》けも進んできたからドッグ・シッターを頼むこと自体がまちがっていたわ。私が悪かったのね。ボニーちゃん。ごめんなさい」

彼女は私を抱きかかえるようにして家の中に入った。

＊

そんなことがあってからは、家人が長時間留守にする時でも、オーミは彼女の住まいで、私は自分の部屋でと別々に番をすることになった。

「オーミがボニーと一緒に散歩したり留守番できたら理想的だと思って犬を飼ったのに、これだけはすっかり予想が外れたわ」

と、フラウヘンは残念がっていた。私はオーミの住まいに行くことは大好きだったが、中をひと回りパトロールしてにおいを嗅ぎ、キッチンのごみ箱など重要地点をチェックするとすぐに家に帰りたくなった。長時間、留守番をする時はかえって自分の部屋にいる方

が落ち着いていられた。オーミもやはり私と同じだったらしい。彼女は食事などには喜んで降りてくるが、しばらくするとやはり自分の住まいに戻りたくなるらしく、しきりに、

「家に帰る、家に帰る！」

といってきかなかった。留守番の方は私はかなり小さい時からおとなしくできるようになっていたので、別にドッグ・シッターはいらなかった。仲間の中には、独りで留守番をさせられると、その間、吠えどおし、なきどおしの犬もいるそうだし、ドアを引っ掻いたり、ソファをむしったり、わざとカーテンにおしっこをひっかけて抗議する犬もいると聞く。

お出かけとお迎え

ヘルヘンが毎朝出勤する時はフラウヘンと一緒に前庭に出て「いってらっしゃい」といい、車が見えなくなるまでジーッと見送る。

「ボニー。お前の餌を手に入れるために、ヘルヘンは毎日稼ぎに行くんだよ」

ヘルヘンはよくそんなことをいって出かける。家の三階のバルコニーに巣を作った鳥の家族を見ていると、親鳥は確かに子供たちにそういっては巣を飛び立つ。そしておいしい餌をくわえて帰ってくるので、ヒナたちは巣から交互に首を出してピーピーと鳴いて親鳥の帰宅を待っている。わが家のヘルヘンは、そんなことをいって出かけても、実際に餌を家に運んできたためしはない。

しかし手ぶらで帰宅しても、私は必ず喜んでしっぽを振り、とびついて、「おかえりなさい」とやる。毎日のことでも心をこめて、フラウヘンよりもずっとドラマチックに歓迎するのでヘルヘンも大喜びだ。

「帰ってきて、喜んでくれるのは犬だけだ！」

とこぼしているが、どこの家のヘルヘンも同じようなことをいうらしい。

＊

ただし、長い旅行から帰ってきたヘルヘンを迎えるとなると、何度も彼にとびついてキスした後、何かお土産がないかと鼻で嗅ぎわける。飛行機で帰ってきた時は、機内食の残りのサンドイッチみたいなものがある。ルフトハンザ航空でセルフサービス用に使われるスナックのビニール袋はもうなじみがある。

とくに皆を感激させるのが、私が「おかえりなさい」をやる順序である。たとえば海外出張から帰るヘルヘンを迎えに、フラウヘンとクラウディアが空港に出かけた場合は、三人そろって家に帰ってくることになる。そうすると、私は旅行でいちばん長く家をあけていて久し振りに帰ってきたヘルヘンのところにいちばん先に走って行ってとびつくという思いやりを見せる。それでも今しがた空港まで出かけて帰宅したフラウヘンとクラウディアにももちろん「お帰りなさい」は忘れずにやる。

それでは、私の最愛の三人が同時に出かけて、同時に帰宅すると、私が誰にいちばん先にとびつくかというと、果たしてそれはフラウヘンである！　これはもちろんフラウヘンの大好きな自慢話の一つでもある。

＊

一方、私自身が散歩に出かけて戻ってきた場合も、必ず家で「番」をしていた人のところにとんで行って、冷たい鼻をくっつけて「ただいま！」という。また、私の留守中に家人が帰ってきていることもある。私は表の戸のところですぐにその気配がにおいでわかるので、しっぽを振りながら鼻で戸を押し開けて入り、帰ってきた人のところに一直線に走り、とびついて「ただいま」と「おかえりなさい」を同時にやる。私はこのように「いってらっしゃい！」、「おかえりなさい！」、「ただいま！」の儀式は大変まめにやるので家人にはいつも喜ばれる。ただし、「いってまいります！」のほうは、私自身が出かける段になると一秒も早く出かけたいのでその暇がなく省略することが多い。

長い留守番

何といっても一番面白くないのは、誰か家の人が大きな荷物をもって長い旅行に出かける時である。スーツケースが納戸から出てくる時点では、私はまず緊張して状況判断に集中する。今度は誰が旅行に出るのか、私はついて行かれるのかどうかなどの情報キャッチに一生懸命になる。スーツケースに衣類がつめ込まれると、鼻を押し当てて荷物を点検し、旅行するのが誰かということをまず判断する。誰の場合でもフラウヘンは忙しく立ち働くので、二階に上がったり降りたりする彼女の後について、私も一緒になって忙しく立ち回る。

旅行に出かけるのはヘルヘンが圧倒的に多いが、他の人たちも入れ替わり立ち替わり頻繁に出かける。フラウヘンは日本に行くと、とくに長いこと留守にする。私の大好きな家族が一人でも欠けることは、私にとってはたいへん寂しい、つらいことである。今年の夏からクラウディアはニュージーランドに留学したまま、いまだに帰って来ない。彼女がこんなに長く家を空けたのは初めてである。私は自分の身体の一部が欠けたような落ち着かない気分になった。そしてフラウヘンがクラウディアの部屋のタンスを開けるたびに、衣服についた彼女の懐かしい香りがほとばしり出てくる感じがして、Tシャツやジーンズに鼻をつきつけてはしっぽを大きく振った。

一度カセット・レコーダーに録音されたクラウディアの声が流れた時は、思わずレコーダーに向かって首をかしげ、あのビクターの商標、「主人の声に聞き入る犬」のように真剣に耳を傾けた。そして次の瞬間、われを忘れてクラウディアを探しに階段をかけ上がって彼女の部屋に走ったので、思わずフラウヘンを涙ぐませてしまったことがある。

＊

それにしても、私の家族はみなよく旅行する。

「その間、犬はどうするのですか?」

とみなに聞かれている。車で行くことができるドイツ国内やヨーロッパの国は、私もついて行けるので一緒に行くが、飛行機に乗る場合はだめだ。五キロ以下の小型犬の場合は飛行機運賃さえ払えば機内に一緒に入れるが、私くらいの大きさの犬は輸送用のボックスに入れられて貨物扱いになり、それではかわいそうだからと連れていってもらえない。まして や数ヵ月も検疫所に隔離されるような外国には、それまでしてついて行きたいと思わない。

このように家人が飛行機で遠いところに旅行する時はたいてい誰か家族の一人が残って、私と一緒に留守番をすることになっている。それも不可能な場合は、面倒を見てくれる知合いの人が泊まりがけや通いで来てくれる。日頃出入りして私を可愛がってくれているアスタのフラウヘンやクラウディアのボーイフレンド、オーミの看護婦さんなど、家の勝手もよく知っている人たちが、交代で餌をくれたり、散歩に連れて行ってくれたりする。

「ボニーは、よくしつけができていて、いうことをよくきくから大丈夫」

とみなほめてくれるのだが、家族が出払ってしまった以上、この人たちが頼りであるから、私もいつもよりおとなしくいうことをきくのであった。

犬のペンション

仲間の犬たちの話によると、飼い主が休暇で旅行に出る時は、犬専用のペンションに預けられるという。犬好き、旅行好きのドイツ人には、犬のペンションは欠かすことができない施設であるが、よいペンションは数が少ない。私はまだこういったペンションに預けられた経験はない。実際にそういう事態にならないとも限らないので、評判のよいペンションを紹介してもらっているということだ。

良心的なペンションではよく世話が行き届き、喧嘩をしない犬たちは広い牧場に放されて、一日中犬仲間と戯れて退屈しないということだし、他の犬とうまくやっていけずに喧嘩ばかりする犬は、ペンションの主人やお手伝いさんがまめに散歩に連れて出てくれるという。休暇のシーズンになるとどこのペンションも満員でなかなか予約がとれない。

ただしペンションの経験のある仲間の話によると、いくらよいペンションでも、夜は檻の中に入れられて自由に動けないし、食べ物も味けないし、とにかくヘルヘンやフラウヘンがいないのが一番つらいそうだ。中には寂しさに堪えられずホームシックにかかったり、置き去りにされたと勘違いして、精神的ショックのため食べ物を受けつけなくなり何キロも痩せてしまうという犬もいる。ペンションに入れられた二週間のうちにすっかり口の周りが白髪になったという犬の話も聞いた。飼い主がとくに可愛がっているとはいえないベロでさえ、「やっぱりヘルヘンがいちばん」というところをみると、犬は誰でも飼い主と離れることがいちばんつらいようだ。

ペンションの費用は犬の大きさにもよるが、私くらいだと餌代込みで一日二十マルク(約千五百円)から三十マルクくらいで、冬はそのうえに暖房代がいる。見ず知らずのペンションで、しかも知らない犬たちと一緒に何日間も過ごすことを想像しただけでも私はストレスがたまる。それよりも、何日でも家で独りで留守番をしているほうがずっといい。家ならば、いつかは家族が帰ってくるということがわかっているから、私も我慢できる。

そういう性質を知っている家人は、できるだけ私をペンションに預けなくてもいいように工夫してくれている。

表通りが見える窓辺の椅子に上がって、
家人の帰りを待つ私

第十三章　犬の泊まり客

甘えん坊のシーバ

ヘルヘンとクラウディアは別々に海外旅行に出かけて留守の復活祭の休暇、フラウヘンは十日間友達と、スイスの山にスキーに行くことになった。そこで留守中、残されたオーミと私の世話をしてくれる人をさがしていたところ、幸い老人介護の見習生で時々オーミの世話をしていたミリアムが、犬好きでもあることから、住み込みで来てくれることになった。ただし条件として、彼女の飼い犬も連れてきたいということであった。

彼女の飼い犬はシーバという名前で、六ヵ月になる雌犬だ。大型のグレート・デーンを母に、超大型のウルフハウンドを父に持つ犬で、私の倍の大きさはあるという。

「シーバは大きいだけで、まだ仔犬だから問題はないと思うの。母のところにも連れていったことがあるけれど、あそこのシェパード二匹にも、可愛がってもらったし」

とミリアムは、うまくいく自信を持っていた。私は仔犬時代には、誰彼かまわずしっぽを振って迎えていたので、これではいったい番犬になるのかと家族が心配していた時期さえあったが、教えてもらわなくてもやがて番をするようになった。自然に自分の領地は絶対的なものとして守るようになり、知らない人が来たり、よその犬が家の前を通ったりするだけで、ものすごい勢いで吠える。仲のよいベシーやアスタとは家の庭で遊ぶことはあるが、知らない犬が家の敷居をまたいだことはいっさいなかった。

＊

さて復活祭の前の聖金曜日になった。正午近くに古めかしいマイクロバスが門の前に止まった。私は車の中に犬がいるのを目ざとく見つけ、はげしい吠え声でフラウヘンに知らせた。ミリアムがフィアンセのオリヴァーと家に入ってきた。前にもオーミの散歩にきてくれたミリアムはよく知っていた。

「ミリアムさん、先にシーバを連れて公園に散歩に行っててちょうだい。私は少し後からボニーを連れていくから。シーバをすぐに家の中に連れてくるよりも、二匹の犬をまず中立の場所で会わせたほうがいいと思うわ」

ミリアムはすぐに承知して、犬をマイクロバスから出すと向かいの公園の中に消えた。まもなく、私もフラウヘンと連れだって公園に入った。すると仔牛のように大きなシーバが大きな身体をクネクネ回し、細いしっぽをさかんに振り回しながら私のそばに寄ってきた。私は、初対面のしかも自分よりも大型の犬が近寄ってくるとまず警戒体制に入る。その日も、おそるおそる相手の鼻先から後部のあたりを嗅ぎながら、「仔犬には違いないが、バカでかいし……」と、しっぽを振ろうか振るまいか決心しかねていたのだが、シーバが積極的に体をすり寄せてくるので、私はついにうなり声を上げた。彼女は恐れおののいて

ミリアムのほうに走り寄った。フラウヘンは私の首輪をつかんで、

「ボニー！　やさしくしてやらなくちゃダメじゃないの。シーバはまだ赤ちゃんなのよ」

と叱った。シーバは少し離れて歩いたが、しばらくするとまた私のそばに人なつっこく寄ってきた。馴れ馴れしくなるとまた邪険に追い返した。このような対決を数回くりかえして、それでも公園をひと回りする頃には、互いの存在よりも、公園のさまざまな他犬のにおいの方に興味をそそられるようになった。

ただ、その頃になると、シーバのほうが私のフラウヘンにも甘えて頭をすり寄せていくようになり、私はそれが絶対に許せなかった。半分はフラウヘンを保護する気持ち、半分は彼女を取られないようにという気持ちがあるので、私はかなり親しくなった犬でも、絶対にフラウヘンのそばには近寄らせない。だから彼女もよその犬を私の前で撫でたりすることは極力控えていた。よその犬をほめたりするだけでも、私はどうしても焼き餅を焼き、そんな時は即時フラウヘンにとびついて注意をひかずにいられない。

ミリアムは子供の頃から犬と育っただけあってすぐに私の性質を見抜き、シーバをできるだけフラウヘンのほうに近寄らせないように努めた。公園から自転車道路に出て、ギムナジウムの林を通って学校の裏に出た。シーバは大変に人なつっこい犬で、誰彼かまわず通りがかりの人に、しっぽを振って近づいて行った。相手はシーバがあまりにも大きいので初めは怖がったりしたが、すぐに気だてのやさしい犬だということを知った。私は通りがかりの人には、よほど興味がないかぎりもう近寄っていくことはしなくなったが、シー

バくらいの年齢の時は、やはり誰彼かまわずそばに寄っていったものだ。それも早足で突進したという感じで、それこそみなに怖がられるだけでなく、ずいぶん文句をいわれた経験がある。シーバの近寄り方はそれにくらべると比較にならないほど穏やかだ。

いじめているわけではない

長い散歩をすると私も満足し、けたたましさも少しやわらげられ、帰路につく頃には、シーバの存在にも慣れてきた。家に入る少し前、私もシーバも引き紐につながれた。そしてみな一緒にガヤガヤ、ドヤドヤっと門をくぐった。シェパードの友達モナの話であるが、ある時、モナは飼い主と連れだって客を迎えに駅まで行き、帰りはみな一緒に散歩しながらなごやかに帰ってきたのだが、家に入ろうとしたとたんにモナが客に向かって吠え、彼を家に入れなかったという。その話を聞いていたフラウヘンは、私が果たしてシーバを家に入れるだろうかと心配していたのだが、ドサクサにまぎれて知らないうちにみなで一緒に入ってしまったという感じだった。そこまではよかったが、庭のほうに回って私たちは紐からはずされて自由になると、シーバは好奇心を発揮して隅々のにおいを嗅ぎ、庭をかけずり回った。私はそれを見ると、自分の領地が侵されたと感じて逆毛をたててうなり、シーバに襲いかかった。フラウヘンはあわてて私をつかまえて紐につないだ。それでもなおシーバに襲いかからんとする私を右手で引っ張りながら、左手で私の頭を撫でて興奮をしずめるように努めた。今度ばかりは、さすがに震え上がってしっぽを巻いてミリアムのそばに小さくなっているシーバを見て、二人のフラウヘンは顔を見合わせた。

「どうしましょう？」

それまで黙っていたフィアンセのオリヴァーは、

「これでは救いがたい。連れて帰る！」

といい出した。

「シーバはおとなしくて申し分ない犬だけど、ボニーがこんなに攻撃的では、どうしようもないわね」

とフラウヘンも溜め息をついた。

「いいえ、ボニーの態度はもっともなこと。犬にしてみれば、他の反応の仕方は考えられないわ。すぐには諦めずに、もう少し様子をみましょうよ」

と、ミリアムはかなり落ち着いている。テスト・ケースとしては時間が短か過ぎるので、あまりあせらずに、少しゆっくりと時間をかけてみようということになった。そこで、夕方まで様子を見て、それでもどうしてもうまくいかない場合は、オリヴァーがシーバを迎えにくることに相談がまとまった。

＊

そう決まると、フラウヘンたちも少し気持ちに余裕ができ、二人の「ボニー！」、「シーバ！」と呼ぶ声にもあせりがなくなった。私たちもそれを敏感に感じ取って、おとなしくいうことをきくようになった。そこで今度はみな一緒にまたドヤドヤと家の中に入った。

ミリアムとフラウヘンは早速シーバが落ちつける場所を探した。犬は犬なりにいちばん居心地のよいところを探し出してゴロリと横になるものだが、たまたま、それが私の定席だったりすると機嫌をそこねるので、場所の選択がむずかしい。とにかくこの家は私の縄張りであるし、私のほうが年上だから、いくら身体は大きくてもシーバよりも私が完全にランクが上だった。犬同士というものは、その上下関係がはっきりすると割に問題なくいくものである。

＊

私に遠慮する必要のない、いちばん無難な場所が居間の暖炉の前ということになり、シーバが気に入るかどうか様子をみることにした。そこで暖炉の真ん前にミリアムは持ってきたシーバの毛布をひいてみた。するとシーバはすぐに理解してその上に横たわった。私はフラウヘンの足元にピッタリくっついて、伏せの姿勢をとりながらも油断なくシーバを見張っていた。

フラウヘンたちはこれから十日間の家事について、とくにオーミの世話について細かい点を打ち合せていた。私たちは時々持ち場を離れてノソノソ歩き回ったが、互いに近寄ることはなかった。シーバがフラウヘンのそばに寄ってくるたびに私は低いうなり声をあげたが、その声もだんだん弱く短くしていった。

「仲よくなれなくても、喧嘩さえしなければ合格点をやりたいわ」

とフラウヘンがいえば、ミリアムも大きくうなずいた。

「知らない人が入ってきても全然吠えない犬でさえ、他の犬が家の中に入ることだけは、絶対に許せないということはよくあるのよ。ましてやボニーのような番犬に、他の犬が家の中に入ることを許すように命令するということは、途方もない寛容さを強いていることになるのよ。あまり無理をしてはいけないわ」

ミリアムは大変理解のある態度を取っていた。

「シーバがフラウヘンのそばに行かなければ、ボニーは別に怒る様子もないから、明日からはフラウヘンがいなくなるわけだし、うまく行くかも知れない」

これはミリアムの聡明な観察力による希望的観測だった。確かに私は自分の家の中なのに、どこへ行くにもピッタリとフラウヘンのそばにくっついて歩いた。そしてシーバを一歩もフラウヘンに近寄らせなかった。ただシーバは、根っからの人なつっこい犬であるからついフラウヘンのそばにも行きたがる。そのたびに私にうなられるか、あるいはミリアムに叱られた。どうみても罪のないシーバが損な役を引き受けているが、私は自分の縄張りや飼い主を守るのは当然とみなしていた。

「成犬は本能的に仔犬をいじめないものだと聞いていたので、その点ボニーの態度が異常なのではないかしらとちょっと落ち着かない気持ちだわ」

とフラウヘンは心配した。

「いいえ、ボニーはシーバをいじめているのではなく、犬のルールをわからず屋のシーバにはっきり教えているだけよ」

ミリアムはなかなか物わかりがよい。さすがに犬と育っただけあって、フラウヘンとは比べ物にならない。だいたい自分の飼い犬を番犬のいるよその家に連れていくなど、よほど犬に関して自信がなければできない業だ。それでも時間がたつに連れて、私もシーバが別に害を加えるものではないことがわかってきたので、私の硬直した態度も目に見えて和らいできた。フラウヘンたちはこの調子ならば何とかなるという見通しがついたので、シーバもここに泊まっていくことに決め、オリヴァーにもその旨電話で伝えた。

私にとっては初めての犬の泊まり客であった。その夜は、フラウヘンは珍しく私を二階の寝室に呼んで、そばで寝かせてくれた。シーバは階下のミリアムのベッドの脇に寝た。

シーバと仲よく

翌朝、何となくあわただしい雰囲気が漂い、そのうえスーツケースなどが玄関に運ばれてくるので、私はフラウヘンが旅行に出ることを感知してしっぽをだらりと垂らし、それこそ彼女のそばを離れなかった。フラウヘンがいなくなるということのほうが私にとっては重大事なので、シーバの存在はあまり気にならなかった。いよいよ出かける段になって、フラウヘンが表の鉄の扉を外から閉めようとすると、私は戸に鼻をはさんで閉めさせなかった。

「ボニーちゃん、フラウヘンはすぐ帰ってくるから、おとなしく待っていらっしゃい」

彼女はやさしく私の顔を両手ではさみ、耳のあたりの柔らかい毛に別れのキスをした。

私は諦めて鼻をひっ込めたが、それでも垣根づたいにフラウヘンを追いかけて、ヒー、ヒー、キャン、キャン、キャンとないた。ミリアムが、

「ボニー、ボニー」

とやさしく呼んでくれた。フラウヘンが見えなくなると私はしっぽを垂らしたままミリアムにすり寄った。フラウヘンがいなくなってしまったので、私もミリアムに頼るしか仕方がなかった。家人はスーツケースを持って出かけるとしばらく留守にする習慣になっていた。しかし必ず戻ってくることがわかっているから、私はその間寂しさをこらえて待っていることにした。しかも今回はシーバという犬の泊まり客まで抱えているので、実際、寂しいなどといってはいられない。

＊

ミリアムはシーバのフラウヘンではあるが、たいへん気をつかって何かと私を優先してくれた。いつも私を先に呼んでくれるし、ドッグ・ビスケットなども私に先にくれた。シーバも、やがて私がランクが上であることをはっきり認め、一目置くようにもなった。初めは遠からず近からずの距離をおいていたのだが、夕方食事を終えて落ち着いた後、テラスのところでシーバが私のそばをウロウロして、

「遊ぼうよ」

としきりにいうので、

「じゃ、追いかけてみるかい」

と前足を揃えてしっぽを高くあげて走り出すと、シーバはしっぽを振って仔牛が転がるような格好で追いかけてきた。ミリアムにいわせるとスペインの闘牛の場面そっくりだそうだ。黒光りのする短毛の大柄なシーバは闘牛のように頭を低くして走り、私は動作が敏捷なので捕まりそうになると、あたかも闘牛士のようにヒラリと身をひるがえしてスッパ抜く。私の二倍はあるシーバだが、追いかけっこでは私の勝ちだ。時々休んで向い合わせに立つが、どちらかの合図で再び追いかけっこをはじめた。私たちは飽きることなく庭で遊び、芝生を勢いよく蹴って走り回った。

＊

一度一緒に遊んでみるとシーバもなかなか可愛いやつだと思うようになった。翌日からは庭や応接間で遊んだり、一緒に散歩に行くようになり、みるみるうちに仲よくなった。喧嘩は一度もしなかった。それに靴をくわえてくるような今までしなかったいたずらも、シーバと共犯でするようにもなってミリアムを手こずらせた。

犬に囲まれて

もともと大の犬好きのオーミは私たち二匹の大きな犬に囲まれて幸せだったのか、よく笑った。にぎやかな雰囲気だったのでみなが留守だということさえ全く忘れている様子だった。

彼女はシーバが昔の愛犬ドーベルマンによく似ていると、シーバを見るたびにいった。

そして、オーミは私の名前は忘れることはなかったが、シーバの名前はすぐに忘れてしまい、「おまえ！」と呼んでいたが、シーバはすぐに自分が呼ばれたことがわかるようになった。食事時にはオーミは必ず私たちを呼んでミリアムに内緒でチーズやハムをお皿から落としてくれた。だから食器がテーブルに並べられると、シーバはオーミの右側に、私は左側にきちんと正座するようになった。私たちはドタバタと走り回ったので、居間の絨毯はずれ、庭の芝生は見る間にはげあがってきた。

今までは、ドアを軽くノックして入りたい意思を示していた私だが、シーバが台所のドアを引っ掻くのを見て、私も負けずにガリガリとやり、ドアはまもなく私たちの足跡で汚れて傷だらけになった。しかし、いちばんかわいそうだったのはシーバのしっぽだった。身体の割に貧弱な彼女のしっぽはネズミのように細く、そのうえ何をするにもしっぽを振らずにはできない、そういう明るい性質の犬なので、部屋の角や椅子などにしょっちゅうパタパタとぶつけていた。そのためとうとう傷がつき、ミリアムに絆創膏を貼ってもらっていた。それでもシーバは相変わらずしっぽを振るのをやめなかった。私は血が出るそのしっぽを時々なめては慰めてやった。その昔、断尾の習慣ができたという理由が初めてわかるような気がした。

そしてだんだんシーバを妹のように可愛がるようになり、たちまちそれが行き過ぎて、公園で他の犬がシーバの近くに寄ってくるとうなり声を上げて追い払うほどにもなった。日頃仲のよいバルーでさえシーバに近づくと、私が防御体制に出るので、バルーのフラウヘンはびっくりしていた。私は群れを守るという本能が他の犬よりも強く、つい家族以外でも、私の保護下に置かれた者たちを守らなければいけないと思い込むところがあった。

＊

ある日の夕方、食事中のオーミは、ウィンナー・ソーセージの皮を手でむいていた。腸の皮はそのまま食べられるのだが、彼女は入れ歯でよく噛めないからといって、時間をかけてソーセージの皮をむいて食べる。私は彼女のその皮むきがはじまると、すばやくそばに寄って行く。その皮が私用だとわかっているからである。その時、玄関で聞き覚えのある音がするのでとんでいくと、フラウヘンだった。

「フラウヘンが帰ってきた！」

私は大喜びで彼女にとびついた。クークーなきながら何度もキスをして、コロリとひっくりかえってお腹をさすってくれと甘えた。シーバも後ろからついてきて、しっぽを振ってフラウヘンに顔をすり寄せて行ったが、私はもう寛容にそれを許してやれるようになっていた。私たちは仲よく跳ね回りながらフラウヘンをダイニグ・ルームに案内した。オーミはまだテーブルに座ってソーセージの皮をむいていた。私たちは申し合わせたように、オーミの両側のそれぞれの持ち場に座った。フラウヘンはオーミにキスをして、

「ただいま！」

といった。

「あら、もう学校から帰ってきたの？」

オーミは何か勘違いしているようだった。しかし私たちにソーセージの皮を落としてくれることだけは幸いにも忘れていなかった。

第十四章　ピーリッチ兄弟

ドイツ語で話す

　毎週家に来てくれるお掃除のおばさんのピーリッチさんは、旧ユーゴスラヴィアの人で、三人の男の子のお母さんだった。一番上の男の子が十二歳でツヴェーチンと言い、二番目が十一歳でドゥーシャン、末の男の子は九歳でマルコと言った。両親がドイツに出稼ぎに来ていたので、子供たちは最近までユーゴースラヴィアの叔母さんの所にあずけられていたのだが、こちらでの生活も安定してきたので、子供たちを引き取ることになった。やっと家族五人で過ごすことができるようになったのだが、果して子供たちがドイツの新しい環境に適応できるかどうかが、やはり一番の心配の種だった。ドイツでは外国人排斥の動きが出始めて、少しずつ治安が不安定になってきたことも不安の原因だった。しかしユーゴスラヴィアの内紛の始まる前で、国境の行き来はまだ自由な時だった。

　三人の子供たちは学校から帰ると、よく母親迎えかたがた家に遊びにきて、私とは大の仲よしになった。このピーリッチ兄弟は、まだドイツ語があまりよく話せなかったので、他のドイツの子供たちの間に入り難く、いつも兄弟三人一緒に行動していた。日頃は恥し

くてなかなか口に出さなかったドイツ語だが、
「ボニーはドイツ語しかわからないのよ。教えてあげるから話しかけてごらん」
とフラウヘンがいうと、私と遊びたい一心に長男がまず勇気を出してドイツ語で私に話しかけた。
「ジッツ！」（座れ）
すると私は素直にその場に座るので、
「僕のドイツ語が通じた！」
と喜んだ彼はそれからどんどん話すようになった。
「ボニー、ヒアー！」（来い）
「ボニー、ラウフ！」（走れ）
「ボニー、プラッツ！」（伏せ）
やがて三人が競争で私に命令をするので、私は座ったり、立ったり、走ったり、伏せたりと忙しかった。クラウディアはもう跳ね上がったり、ひっくりかえったりして私と遊んでくれる年齢ではなかったので、私はこのピーリッチ兄弟がくると、飽きずに跳ね回って遊び、綱引きをしたり、隠れんぼなどをして遊んだ。この隠れんぼは、フラウヘンが犬用にアレンジしたゲームであるが、私を庭の真ん中に座らせて、
「待て！」
と命令をしておき、子供たちは四方に走り去ってどこかに隠れる。そしてみなが見えな

くなると、

「ボニー、探せ！」

と誰かが陰から叫ぶ。私はその声の主をさがしてみつけると、その主は手に持っているドッグ・ビスケットをくれる。私たちはビスケットがなくなるまで、くりかえし隠れんぼをして遊んだ。

ボール投げ

やがて、フラウヘンの許しが出て、私たちは公園に散歩に行くことができるようになった。未成年者に犬の散歩をさせる時は、その付添いのいうことをきける犬でないといけないという法律があるので、初めはフラウヘンも同伴していたのだが、そのうちに子供たちもしっかりしているし、私もよくいうことをきくから、ピーリッチ兄弟だけでも大丈夫だということになり、まもなく公園の野原で私たちだけでボール遊びをするようになった。末っ子のマルコでさえ、フラウヘンよりも遠くにボールが投げられることがわかったので、私はこのピーリッチ兄弟とボール遊びをするのが大好きになった。野原が見えると私は先にたって走り、伏せの形で座り、顎を地面につけてボール遊びを待つようになった。男の子たちは先を争って走ってくると、

「僕が投げる！」

「いや、今日は僕が最初だ！」

とボールの取り合いになるくらいだ。時々ボールが飛びすぎて草むらに入ってしまうことがあるが、私はそれを探すのがまた楽しみだった。しっぽを高く振って夢中でボール探しをし、みつかるとまた嬉しくなって一段と大きくしっぽを振る。ピーリッチ兄弟とこうやって野原で遊んでいると、必ず他の子供たちが集まってきて、羨ましそうにながめているがそのうちに、

「僕にもやらせて！」

「私も投げたい！」

といってくる。私は誰が投げても、ボールは必死になって追いかけて取るが、取ったボールは、必ずピーリッチ兄弟の誰かのところに持って行くので兄弟たちは得意になった。

「アウス！」(放せ)

とマルコがはっきりとした口調で命令を下して右手を出すので、私はくわえていったボールをその小さな手の平の上に上手にポトリと落とす。見ていた子供たちは感心するし、ピーリッチ兄弟はますます鼻が高くなった。ついでに、

「お手！」

「キッス！」

「ダンス！」

一番口数の少ない次男坊のドゥーシャンでさえ、さまざまな命令を口に出して私に芸をさせ、集まった子供たちの憧れの的になる。私のおハコは、投げたボールに狙いをつけて

空中でキャッチすることであった。ヒューっとかなり高く飛んだボールに跳び上がるようにしてキャッチすると、観衆は惜しみなく拍手を送る。投げたボールを受け損なうと、その途端に口に当り、そのはずみでかえって遠くに飛んでしまうこともあり、今度は観衆は大笑いする。私は「しまった！」と、また必死に取ろうとしてあわてると、またまたつかみ損ねて、更に遠くに飛んでしまう。観衆とピーリッチ兄弟は一緒になって笑いころげる。このようにして、ピーリッチ兄弟は私と遊びながら、他の子供たちの注目を浴び、みなとも自然に仲よくなってきたように見受けられ、私も一役買っていることを感じてひそかに喜んでいた。

兄弟を守る

ある日のことだ。金曜日で子供たちの学校が早めに終り、お掃除にきていたお母さんをたずねてまた三人がやってきた。天気がよかったので私たちはいつものように公園に散歩に出た。公園の一角が遊園地になっており、滑り台や古タイヤでできたブランコなどがあり、三人は代わるがわるそこで遊び、私は砂場に入ることが禁じられているので、ベンチのそばに立っていた。遊び場には他にも子供たちが数人集まっていたが、やがて長男のツヴェーチンと一緒にブランコに乗って遊んでいた同じ年格好の金髪の男の子が、外見はドイツ人と変わらないツヴェーチンの言葉になまりがあるのをあざけって、

「外人！　外人のばか！」

といった。日頃学校でも、外国人として肩身が狭い思いをしているツヴェーチンは、そう侮辱されると我慢できなくなって、

「何だと！　外人で悪かったな！」

といい返した。金髪はツヴェーチンよりも小さくてきゃしゃな感じだが、反り返って、

「おめえ、外人のくせになまいきだぞ」

といってこぶしを挙げた。そこまではおとなしくベンチのそばからながめていた私も、これには、

「スワ！　一大事！」

と気がついてツヴェーチンのところに走りよると、金髪の前で跳び上がった。そっと跳び上がったし、吠えもせず触りもしなかったのだが、金髪と同じ背丈に伸びて、襲いかかる格好になった私にびっくりして、彼はそこに突っ立ったまま動けなくなってしまった。思いがけない助手が出て、ツヴェーチンは誇らしげに私の頭をなでると、まだ興奮をおさえられない金髪が、

「おまえの犬か？」

と上ずった声で聞いた。ツヴェーチンは、

「まあ、そうだ」

と答えた。

「さあボニー、もういい。帰ろう！」

ツヴェーチンは金髪をそこに残し、弟二人を従え、私も三人に歩調を合わせた。ツヴェーチンはいつになく自信に満ちて胸を張って歩いた。そして家に着くと、三人兄弟は競争で、この出来事を母親とフラウヘンに話した。

ピーリッチおばさんは私を抱えるように撫でてキスしてくれた。

「……それで、その金髪君には怪我はなかったの？」

フラウヘンは心配して聞いた。

「全然！　ボニーは、こうやってそっと彼の前で跳び上がっただけだよ」

一番小さなマルコが私の真似をしてフラウヘンの前で跳び上がってみせた。私も一緒になって横からフラウヘンに跳びついた。

「ボニーのやりそうなことね。でも、その男の子を本気で咬んだりしなかったのは、ボニー、偉い、偉い！」

フラウヘンはそこで初めて私を撫でてくれた。私は何かとてもよいことをした気分になった。

＊

その後、復活祭の休みになり、一家は一週間休暇をとってユーゴスラヴィアの実家に帰ったが、休みがあけてもどってきた時、

「子供たち三人とも、ボニーが味方になってくれたエピソードを、村の友達みんなに自慢していたわよ。何だか凱旋将軍にでもなったみたいな話し方だったわ」

とピーリッチさんが笑いながら話してくれた。それにもっと嬉しいことは、

「これまでドイツの子供たちに対しておどおどしていたツヴェーチンがこの事件以来、すごく自信を持つようになったのよ」

と報告してくれたことだ。

「ボニーのおかげよ。おまえは私でさえ与えられなかった自信を子供たちに与えてくれたのよ」

彼女はその後もよくその話をして、いつも私をほめてくれた。その後、兄弟たちはすべてに自信を持つようになり、ドイツ人の子供たちとも仲よく遊ぶようになると、ドイツ語もみるみるうちに上手になり、一年もたつと三人ともなまりのないドイツ語を話すようになった。こうしてすっかりドイツの子供になりきった彼らは、遊び友達もたくさんでき、私のところにはあまり訪ねてこなくなった。

「子供はげんきんなものね。あんなにボニー、ボニーと夢中になっていたのに、このごろは三人ともサッカーに夢中で、ボニーのところに遊びにくる暇もないのよ。時にはボニーを散歩に連れて行ってやればいいのに……」

ピーリッチおばさんがそうこぼした。

「それが成長というものよ。いつまでたっても犬とだけ遊んでいる子供だったら、あなたもそれこそ心配よ」

フラウヘンはそう答えていた。

第十五章　引き紐なしで

店の外で待つ

フラウヘンと買い物に出るのは楽しみの一つである。彼女が買い物籠を手にしたら私はもう大喜びで跳ね回る。郵便局や銀行、文房具屋や花屋などは一緒に入ってもよいが、いいにおいのするパン屋や肉屋やスーパーに限って中に入れない。「私は中に入れないの！」と書かれた、犬のポートレートつきの表札がドアに貼ってあるような店は、たとえ食料品を扱っていなくても、犬は外で待たされる。こういう表札は、おとなしそうな、かわいらしい小型犬の写真つきと決まっている。そして入り口に犬の引き紐が掛けられるような設備になっている。

表札といえば、さまざまな犬用の貼り紙や札が市販されているが、「猛犬注意！」と書かれてあるような番犬用には堂々としたシェパードの写真がつきものだ。また「犬注意！……踏んづけないように!!」といった、ヨークシャー・テリアの写真入りのユーモラスなレッテルも売っている。フラウヘンは最近イタリア旅行に行って、タイルでできた犬の表札をお土産に買ってきた。ラテン語で「カヴェ・カネム」つまり「番犬注意！」と書かれ、鎖につながれて吠えている犬が描かれているものだ。これはその昔ベスビオ火山の噴火で、灰の下にうずもれたポンペイ市の発掘の際出てきた、ある館の玄関の床に描かれた有名なモザイクの模写である。面白いことに、二千年も前に描かれたといわれるこの犬は私に割によく似ている。

＊

私は一緒に入れない店の前では、フラウヘンが買い物をしている間、今では、紐なしでもちゃんと外で待つことができる。

「りこうなワン公だな。ちゃんと待っていられて」

と通行人はほめてくれる。初めのうちは私も近くの掛け留めにつながれて、フラウヘンが遠ざかるとクンクンとないたものだったが、二、三分でもどってくると、

「おとなしく待ってたわね。よしよし！」

とドッグ・ビスケットがもらえた。だんだん待たされる時間も長くなっていったが、店の様子もわかってきたし、必ずフラウヘンが戻ってくることが理解できたから、そのうちに紐なしでも、彼女が入って行ったドアのところで待つことを覚えた。紐につながれずに店の前で主人を待つのは、大変むずかしい課題のように思われているが、それでも割に大勢の犬の仲間がやってのける。紐なし組はたいへん落ち着いていてドッシリとかまえて待っている犬が多いのだが、私はその点ちょっと落ち着きがない。

外で待っている間、私はフラウヘンが出てくるのを、今か今かと待ちこがれ、ガラス越

しに彼女が見える店では、一挙一動をじっと目で追い、少しでも出口に近づくとしっぽを振り、遠ざかるとしっぽを垂らすという反応を示すので、店の従業員や通りがかりの人たちが思わず振り返って、

「何という忠犬なんでしょう。ほほえましいこと！」

と、感動する。それでもフラウヘンの姿が見えなくなってしまう店の前であまり長く待たされると、つい不安になって彼女を探しに中に入りこんでしまうので、そんな時は今でも紐につながれることがあるし、また車の多い道に直接に面した店の場合も危ないからと、紐につながれて待つ時がある。しかし、いつも行くパン屋や肉屋やお菓子屋さんの店先では、だいたい紐なしでおとなしく待っていられるようになった。

咬みつき事件

しかし、一度大変な事件を起こしてしまった。フラウヘンとヘルヘンが日本に行って留守の時だった。いつものようにクラウディアと一緒に近くのスーパーに買い物に出かけた。車の往来の激しい大通りなので、クラウディアは私を階段の手すりにつないで店内に消えた。しばらくすると中年のおばさんが私のそばに寄ってきて頭を撫でようとした。

私は見ず知らずの人に馴れ馴れしくされるのは好きではなかったので避けようとしたのだが、階段の手すりにつながれていた私は逃げる場所もなく、隅に追いやられた格好になった。彼女は右手で杖をつき、左手が私の頭上に伸びた瞬間、彼女と私の距離がかなり接

「私は中に入れないの！」の札のある店の前でおとなしくフラウヘンを待つ

近し、いわゆる動物行動学でいう「臨界距離」、つまりよそ者の接近を許さない距離に突入してきたのだ。脅えた私は思わず伸びた手を咬んでしまった。そして手の甲にかすり傷ができ、血がにじみ出た。彼女はスーパーの入り口に立ちはだかって大声で、

「外に犬をつないでいるのは誰ですか！」

とどなった。クラウディアがあわてて出てきて事情を聞いたが、おばさんは興奮していてよく説明ができず、話し方に矛盾があった。一瞬の出来事だったが、私は思いがけない事件を起こしてしまったことに気がついた。紐につながれた私としては、自己防衛のつもりで出た行動だが、相手を傷つけたことは、どう弁解しても許されるものではなかった。クラウディアは、

「すみません。今まで、一度もこんなことはありませんでしたので」

と謝った。そして、

「予防注射もしていますから、危険な病気になることはまずありませんが、何かありましたら連絡して下さい」

といって彼女に名前と住所を書いて渡した。

事件をめぐる家族会議

その後、何ともいってこなかったから、たいした怪我ではなかったと見え、これで事件はおさまったらしい。しかし生まれて初めて他人に怪我をさせたこの事件は、私としてもショックだったし、フラウヘンとヘルヘンが日本から帰ってくると、この事件をめぐって家ではさまざまな分析が行われた。

「ボニーを買い物に連れて行くべきではないかしら？」

フラウヘンは何かあると、すぐに消極的な結論を出す。

「いや、そうじゃない。ボニーを紐につなげるのがよくないのだ。犬を引き紐につなげると攻撃的になるといわれる」

引き紐が大嫌いなヘルヘンの意見だ。昔彼が飼っていたコッカー・スパニエルは、一度も紐につないだことがなかったそうだ。ハンブルクの大通りで信号のないところを車をよけて横断するような時でも、このスパニエルがヘルヘンの足元にからまるようについて、前に進んだり後ろに退いたりして渡ったという話は、私はもう耳にタコができるくらい聞

かされた。ただし、ヘルヘンこそ知らないが、フラウヘンは私が自転車にひかれそうになったり、車道にとび出しそうになると、

「アッ！　クラウディア、フォルカー、ボニー！」

と、三人の名前を立て続けに呼ぶことがよくある。

＊

「おばさんはボニーを撫でようとはしなかったといってたけど、何もしない人のところへボニーがわざわざ寄って行って咬むことはありえないわ。おばさんは右手に杖を持っていて、左手を咬まれたわけだから、左手でボニーがつながれている階段の手すりにつかまろうとして、ボニーの頭上に手を伸ばし、それをボニーが誤解したのじゃないかしら」

クラウディアはその日の事態を思い出してそのように分析した。

「いやなことをされたら、身をかわすことができるようにしておかないといけないね。ボニーを外で待たせる時は紐なしにすべきだ」

「いずれにしても、ボニーは恐怖感を持ったから、咬んでしまったわけでしょ。これからもそんな状況に置かないように気をつけなければ」

「しかし、もし本当に咬むつもりで咬んだとしたら、かすり傷ですまなかったと思うから、ボニーはボニーなりに抑制して咬んだのだと思う。しかし、血を出すほどに咬むというのはよくない。ボニーは、どのくらい強く咬むと人が痛いと思うか充分わかっているはずだから」

ヘルヘンが、よく右手を犬の口のような格好にして、私と「咬み合いごっこ」をして遊んでくれるが、このゲームを通して、人の手を口ではさんでも、絶対に咬まないようにという訓練をしていたのだそうだ。スーパーではついおばさんの手をちょっと強く咬みすぎたようであった。

紐のあるなし

私は自分のミスは正直にミスと認めて、この事件を弁解するつもりはないが、犬を紐につなげるのは確かによくない。特に感心できないのは、いつも紐につながれて散歩をするために、他の犬と自由に遊び回れない不幸な犬たちである。散歩で出会う犬のうちでも、紐につながれた犬のほうが、自由に歩き回っている犬よりも攻撃的に出ることが多い。紐につながれていたら、逃げる、避けるという自己防衛の方法がないから、攻撃的な反応に出ざるを得ないというのが第一の理由だが、主人の紐につながれて散歩している犬は、主人が後ろについているということで自信過剰になり攻撃的になるケースもある。理由はともかく、私は実際にこういう経験がある。

＊

ある日、私はシェパードのモナと散歩に出た。モナのフラウヘンは看護婦さんで、オーミのところに介護に来る時、モナも時々連れてきたので、私たちは仲のよい友達になった。モナと散歩に出る時は、たいてい家の前の公園から出ることはなかったが、この日は少し遠出をすることになった。モナと私は大喜びで、後になったり先になったりして自由に走りながら散歩を楽しんだ。そしてある団地の遊園地にやってくると、そこには立て札があり、「この遊園地内では、犬は紐につなぐこと」と書いてあった。砂場に小さなスコップやバケツが転がっていたから、多分小さな子供たちがよく遊びにくる遊園地であろう。

フラウヘンたちは私たちを呼んで、それぞれを紐につないだ。その途端、どちらからともなく私たちは「ウー！」とうなり出し、今の今まで仲よく散歩していたのに、今度は本気になって喧嘩でもしそうな気配を見せたのでフラウヘンは二人ともあわてた。

「犬は紐につなぐと攻撃的になるといわれるけど、本当にそうだわ！」

フラウヘンはびっくりして紐を引いた。

「できるだけ早くこの遊園地を出て、また紐を解きましょう」

モナのフラウヘンはそう提案して、うなり続ける私たちを力いっぱい引き離しながら遊園地の出口に急いだ。そして道路に出ると、また私たちは自由の身となった。モナと私はさっきのうなり声は嘘のようにケロリと仲なおりをし、またしっぽを振りながら遊びたわむれたので、フラウヘンたちは、呆れて物がいえなかったようだ。スーパーでの事件以来、このモナとの事件も参考にして、オットーブルンの町では紐につながれることは少なくなった。

第十六章　レストランにお供

テーブルの下で

私は仔犬の頃からよくいろいろなレストランに出入りした。レストランでは、おとなしくテーブルの下で待っているとお利口さんだったとほめられて、残り物がもらえる。

「たまにはいいでしょう。しょっちゅうレストランに来るわけでもないし」

というフラウヘンのひと言で、外食するとお相伴にあずかる習慣を勝ち取った。

＊

だいたいレストランの儀式は次のように運ぶ。まず中に入る時は必ず紐につながれる。そしてテーブルが決まるとその下にもぐって座る。他の犬も決まってテーブルの下に座っている。やがてウエートレスが来て注文をとり、食器やグラスが並べられ飲物が運ばれたりする音をテーブルの下で聞きながら上での会話に耳をそばだてる。そのうちにおいしそうなにおいがして、ウエートレスが料理を運んでくると、においで料理の種類を想像しながら出番をじっと待っている。やがてナイフやフォークの音がしなくなり、膝に置かれたナプキンがスルリと持ち上がり、それで口を拭きはじめると食事が終りに近づいたことが

わかる。私はやっとテーブルの下から頭を持ち上げて、誰かの膝に顎をつけて、

「我慢していましたよ」

と催促する。

「今日は、こんなに肉が残ったよ。ラッキーだったね」

「ソースをつけてあげようか」

「これは、犬には少し辛過ぎるかな」

などといいながら、とりどりの残り物がもらえる。レストランでは各自の嗜好に合わせて注文するから、残り物も家庭料理よりも変化に富んでいるのでその点も楽しみだ。さっきから下でにおいを嗅いでいたから、今日は仔牛のカツがもらえるとか、ビーフ・シチューが残りそうだとか、だいたい察しがついていたのだが、みな、忘れずにちゃんと私の分まで取っておいてくれるのでそれをペロリとたいらげる。その後、みなはデザートに甘いものを注文するので、私は再びウエートレスの邪魔にならないようにテーブルの下にもぐり、デザートが残った頃合にまた顔を出す。

レストランの食事はドッグ・フードに比べて塩分が多いので、食後はいつも喉が渇く。みなはワインやビールやミネラル・ウォーターを飲むが、私は高価な飲物は口に合わなくてただの水道の水がほしい。これがレストランではなかなか手に入らない代物である。わが家のフラウヘンも、本当は炭酸入りでないふつうの水のほうが好きだが、ドイツのレストランでは、水というと炭酸入りのミネラル・ウォーターと決まっている。それでも最近

はアウトバーンのところどころにあるレストランに、犬用の水飲み器が入り口近くに置いてあり、ここには幸いミネラル・ウォーターではなく、ちゃんと水道の水が用意されている。

皿をなめる

ある日のこと、私はフラウヘンの友達数人と田舎のほうに出かけ、帰りが遅くなったのでレストランで食事を摂ることになった。イタリア料理店に入り、みなさまざまなパスタを注文した。食事の時間である七時をとっくに過ぎ、私はお腹がペコペコにすいていた。それでもテーブルの下でみなのくたびれた足のにおいを嗅ぎながらおとなしく待っていた。やがて食事が終わり、フラウヘンのお皿にはまだスパゲッティが三分の一程のっかっていた。さてこれは私用だと舌なめずりをして待っていたが、彼女はどうやってそれを私に食べさせようか困ってしまった。まさかスパゲッティを一本ずつ食べさせるわけにはいかない。赤いトマトソースの跳ねが上がる可能性もある。

「今日だけよ。内緒でね」

彼女は声を小さくしてそういうと、すばやく皿ごとそっと私の鼻先におろしてくれた。私はそれを即時ペロペロとたいらげ、トマトとチーズのこってりとしたソースも一滴残さず完璧になめたので、お皿は真っ白になり、テーブルにもどすとその見事なピカピカの仕上がりに爆笑が起こり、フラウヘンはあわてた。

家族とよくレストランに行く私。
ウィーンで、クラウディアと

「まあ、これはちょっときれいになめすぎちゃったわ！」

「いくら人がパンでぬぐってソースをたいらげても、ここまできれいにはいかない！」

「少し私のラヴィオレの残りを移して、お皿を汚してみたら？」

「そうするわ。これでは犬の仕業だということが一目瞭然ですもの！」

彼女はアナリーゼのパスタの残りをお皿に移して残り物にみたてた。私はまたそのラヴィオレもお皿ごともらえるかと期待したのだが、それはおあずけのまま、ウエートレスが片付けてしまった。あまりきれいに食べ過ぎたために、おいしそうなラヴィオレにありつけなかったという顚末である。

ビアガーデンは楽しい

何といっても、レストランの種類の中で一

番楽しいのはビアガーデンである。ミュンヘンはビールで有名なだけあって、至るところにビアガーデンがあり、気温が上がるといっせいにオープンする。だいたい屋外と決っており、大きな木が茂っている庭や公園の一角に、木造りのテーブルやベンチが並べられ、樽からの生ビールを一リットル入りの大きなジョッキになみなみと注いで、みな、うまそうに飲み干す。この大ジョッキをいくつも手に持った、民族衣装の胸ふくよかな体格のよいウエートレスの姿はミュンヘンの名物で、絵葉書にもなっている。ビアガーデンではビールだけ飲んでいる客も多いが、おつまみの方は、横のバラック造りのセルフサービスの屋台で買う場合が多い。

ミュンヘンにはビールを飲む犬も少なくない。私はバイエルン生まれのくせにビールは苦手だが、ビアガーデンに行くのは大好きだ。この種の屋外のレストランは、気楽な雰囲気なのでテーブル・マナーに気をつけなくてもいいところがとくに気に入っている。ふつうのレストランのように、おとなしくテーブルの下に座っていなくても、文句をいわれないし、日頃きびしいヘルヘンもお酒が入るとご機嫌になり、ビアガーデンでは物乞いしても大目に見てくれる習慣がいつのまにか身についてしまった。私は他の客のテーブルにも出かけて行って、チキンやソーセージの残りを上手にもらってくるし、かじりかけのパンは、食いしん坊の私でも食べきれないほどあちこちから声がかかる。

犬によっては主人のそばから絶対に離れないのもいるが、たいていはビアガーデンの中を自由に歩き回っている。食べ物を持ち込んでもよいビアガーデンも多く、パンやハムや

ビアガーデンは犬にも楽しいファミリー・レストランだ。左からクラウディア、ヘルヘン、シュテファン、シュテファンの両親。手前が私

チーズを持参し、時にはテーブルクロスまで持ってきて、その上蠟燭まで立て、ビアガーデンでなごやかなビール・パーティーをしている家族の風景も見る。そんな家族には飼い犬がお供していることが多く、ビアガーデンは犬にも楽しいファミリー・レストランである。

＊

だいたいドイツでは、屋内のレストランでもほとんど犬の同伴を許されるが、たまに立ち入り禁止の店もある。面白いのは、ちょっと入りにくい構えを持つ格式の高いレストランほど、犬に対して寛容でしかも親切なことである。バイエリシャー・ホーフというミュンヘンの一流ホテルのレストランに行った時のことである。厚い絨毯の敷かれた回廊の脇に「ドギー・バー」という立て札が立ち、そこに犬用のドライ・フ

ードと飲み水が用意されていた。しかしそこまで親切な習慣をまだ知らなかった私は、この飼い犬の餌かと思い、まさかセルフサービスでとって食べてもよいとは思わなかったので、フラウヘンが、

「ボニー。これはおまえ用なんだよ」

と手にとってくれた分だけ遠慮がちに食べた。

「ワン!」とひと吠え

犬の入れないレストランは、ドイツでは例外となっているくらいだから、断り書きがなければ聞かずに一緒について入ってもよい。しかし旧東ドイツでは、立入禁止の店が多かった。ドレスデンの町に行った時のことだ。どのレストランでも入り口のところで、

「犬は、遠慮願います」

といわれた。

「衛生管理上、犬は立ち入り禁止です」

どこへ行っても断られた。そこで一度格式が高そうなレストランを試すことにした。

「ママが連れてるとボニーはすごく大きな犬に見えるから、パパに紐を持たせたら?」

クラウディアの提案で、

「よし、ボニー、ここが最後だぞ。いいかい。おとなしくするんだよ」

ヘルヘンがそういうと、革紐を短く持った。そういわれて何となく緊張して厚い木彫り

のドアを開けて中に入った。入り口に立って私たちを迎えたウエーターが顔をしかめて、

「本当は犬は遠慮してもらわなくてはいけないのですがねえ……」

　としぶった。

「うちのは、すごくおとなしくて、いるかいないかわからないくらいですよ」

　ヘルヘンがそういった。

「そうですか。では、隅のほうに席をとりましょう。私も本当は犬好きなんですよ」

　ウエーターはそういって、分厚いメニューを持って先に立って歩いた。私たちはいちばん奥の大きなテーブルに案内され、私は直ちにテーブルの下におさまった。方々歩き回ってやっと落ち着くところがみつかったと私もほっとし、みなの泥のついた靴や汗にまみれた足に囲まれて真ん中辺りに丸くなって一休みすることにした。

＊

　やがて食事がはじまり、すべていつものパターンですすんだ。私もその日は特別におとなしくして、テーブルの下から一歩も出なかった。最後に勘定書きを持ってきたウエーターが、

「本当にいるかいないかわからないくらいおとなしい犬ですね。お宅のテーブルを受け持ったウエートレスは本当は犬恐怖症ですが、あそこのテーブルの下に大きな犬がいたこと知ってたかと聞いたら、びっくりして全然信じないのですよ」

　といった。その時、隣のテーブルをへだてた、柱の後ろでウエートレスが数人のウエー

ターと一緒にしゃがんでテーブルの下をのぞく姿が見えた。ウエートレスやウエーターという名の人たちは、いつも早足でテーブルに近づいたり、遠ざかったりする人たちであるというイメージがある。ここのテーブルにも、ウエートレスが何度も足を運んでは、食事や飲物を持ってきた。その足の動きは見慣れた光景であるので無視していたのだが、彼女が突然しゃがんで、その上に私を指さしてゲラゲラ笑っている。私たち犬は、ジーッと見つめられたり、指でさされたりするのが大嫌いである。私はそれまではおとなしく声一つ出さずにテーブルの下に丸くなっていたのだが、この怪しげなシーンに思わず、

「ワン!」

とひと声出してしまった。すると食事中の客は全員びっくりして振り返り、レストラン中がざわめいた。旧東ドイツでは犬がレストランに入るのは本当にめずらしいことらしい。ヘルヘンは急いで勘定をすませ、チップをはずんだ。食事が終った後でよかったが、これが食事の前だったら、私たちはこのレストランからも閉め出されるところだった。

*

子供の出入りを禁止するレストランはないのに、犬がどうしてレストランに入れないのか私は理解できない。ほとんどの犬は子供よりもおとなしいものだ。子供は大声で騒いだり、ナイフやフォークをふりまわしたり、蠟燭の火をおもちゃにするかと思うとテーブル・クロスをひっぱったり、果ては、「これはまずい。あれは嫌いだ!」とわがままをいって食べ物も残す。そのたびに大人に叱られたり、叱られると泣き出したりで、子供連れ

立食パーティーの時は上手に食べ物をねだる

の客はたいへん騒々しいものである。

それに比べると、犬の私たちはテーブルの下にもぐったまま、みなの食事が終るまでおとなしく待っているだけでなく、残り物を好き嫌いいわずにきれいにさらえる。犬がテーブル・マナーをちゃんと心得ていることをぜひ多くの人に知ってもらいたい。そして一日も早く、犬を差別待遇しない国がふえてほしいものだ。

第十七章　ホテルに泊まる

旅支度

スーツケースがいくつも玄関に運ばれ、みな忙しそうに階段を上がったり下りたりしている。車専用のミニ冷蔵庫やピクニック用の籠の中にはパンや果物が入っている。旅行に出かけるのである。それも今回は私も一緒に連れて行ってもらえる！　さっきはクラウディアとキャリンが私のドッグ・フードの缶詰を車に運んだところを見たし、買い物籠の一つには引き紐や、テニスボール、餌用の器や缶切りなど、私の財産が一式つめられた。私はその籠のお守りをすることに決め、みなが用意がすむまで待つことにした。

「さあ、それでは荷物を車に積もう！　大きいスーツケースから順に」

ヘルヘンの一声で、私も立ち上がって尻尾を振り出発の準備をした。

「荷物を積み終るまで、ボニーがウロウロすると危ないわね。……ボニー、おまえは、部屋で待ってらっしゃい」

クラウディアがそういって、私を玄関の隣の部屋に入れた。今回は一緒に旅行に行けるものと確信していた私は、「ボニーは待つ」という意外な言葉を聞いて、すっかりうろたえてしまった。

「とんでもない。私も連れて行ってくれる筈なのに、ここに待っていろとは！」

私はキャンキャン、ワンワンと騒いで大抗議をした。置いていかれたらたいへんだと、いつになく大騒ぎをする私を見てびっくりしたクラウディアが、

「ボニーは置いてきぼりにされると誤解しているみたい！」

といった。

「じゃ、先に車に乗せて、そこで待たせたら」

フラウヘンはそういって今度は私を車の後ろの席に入れて、

「ボニー、ここで待っているのよ」

といった。私はホッとした。とにかく忘れずに連れて行ってもらえることがわかったのでひと安心した私は、そこに座るとみなが荷物を積むのを観察した。

「はじめから連れて行ってもらえない旅行の時は、あんなにワンワンと抗議しないから、やっぱり今度は連れてってもらえるとわかっていて、私たちが約束を破ったとでも思ったのね。ひと言も一緒に行くとはいってなかったのに。ホラ、車の中ではもう安心して荷物の番をしてるじゃない」

クラウディアは笑ってそういった。私は自分の財産がつめ込まれた籠がトランクに運ばれるのもしっかりこの目で確認した。気をつけていないと私まで忘れるから、油断ができない。

＊

さて、今回は車の中が混みあっている。ヘルヘン、フラウヘンは前の席、私は後ろの座席にクラウディアとキャリンの間にはさまれてかなり窮屈だった。天窓が開けられたが、今日のような暑い日は息苦しい。それでも独りで家で留守番するのに比べたら、ここは天国だった。だから今日は例外的におとなしく二人の間のわずかな場所でもしかたがないとグルリと回ってドカリと腰をおろした。

＊

好奇心の強い私は、どこへでも出かけることは大好きだから、ドイツの国内やヨーロッパの隣国など、車で行ける旅行はしばしばお供した。今回の旅行は、家に一年間ホーム・ステイをしているニュージーランドからの交換留学生であるキャリンにドイツを見せてあげようということになり、聖霊降臨祭の休みを利用して十日間、家族五人で、ちょうど国境が開放されたのを機会に旧東ドイツのほうにも車で回ることになったものだ。一九九〇年の六月であった。

ロッゲ家の曲者

まず最初の日は、ヘルヘンの大学時代のフェンシング・クラブの集まりに出席することになり、バイエルン州の端にあるコーブルクに行った。その町の知合いのロッゲ家に泊めてもらうことになっていた。ロッゲ家では狩を趣味とし、代々猟犬を飼っていたが、半年前にアイリッシュ・セッターのコーラが死んでから、一家全員が寂しい思いをしていたところなので、私は大歓迎され、一緒に泊めてもらえることになっていた。

広々とした野原を見渡す高台に建った大邸宅は、隣り合わせの某男爵の屋敷と庭続きになっていて、領土の庭園を一巡するだけでもかなりの時間がかかった。問題はその夜、私をどうしようかということだった。ヘルヘンたちはフォーマルな舞踏会に出かけることになっていたのだが、その間車の中で待つか、ロッゲ家で留守番をするかという選択に迫られた。ロッゲ夫妻が口をそろえて、

「車の中なんてかわいそうでしょう。ドッグ・シッターをしてあげるから家に置いていらっしゃい」

というので、私はそこに残ることになった。よその家で留守番をするのは、私としても初めての経験だった。夕方八時近くになるとヘルヘンはスモーキングを、女性軍はみな、ロングドレスを着ておしゃれをして車に乗った。私も必死に車に乗りこもうとしたところを、ロッゲさんのご主人にやさしく止められた。

車が走り去った後、ロッゲさんは私をまだバーベキューのにおいの漂うベランダでなぐさめてくれるつもりだったらしいが、私はなきながらも、ゲスト・ルームになっている部屋に一直線に戻り、家族の荷物の番をすることにした。荷物のところにいれば、必ず戻ってくることを知っていたので、そこでみなの帰りを待つことにした。

＊

真夜中近くのことである。みなはまだもどって来ない。すると何か物音がして、誰かが近づいてくる気配がした。ヘルヘンたちでないことはすぐにわかったが、誰か男の人のようであった。怪しげな足音ではなく自信を持った足取りなので、私は耳をそばだてて様子をうかがった。突然廊下のドアが開いた。私は思わず立ち上がってとびつく格好でかまえたが、彼はびっくりして、またすぐにドアをバタンと閉めた。

後でわかったことだが、この人はロッゲさんの息子で、その日訪問客がゲスト・ルームに泊まることは知らされていたが、その隣合わせの自分の部屋に行こうと思って廊下のドアを開けたところ、まさか廊下続きのゲスト・ルームから大きな犬が出てきて、襲いかかろうとは思いもかけなかったのだ。彼は私たちが到着した時には家にいなかったので、彼がこの家族の一員だということを紹介されていなかった私は、番犬の本能を発揮したのだった。幸いロッゲ家では犬のことをよく知っており、ゲスト・ルームに犬が泊まっていることを、息子に事前にいっておかなかったのは、自分たちのミスだったと認めた。息子自身でさえ、

「ボニーとしては当然の義務を果たしたわけだよ。泥棒だと思って咬まれても仕方がなかったくらいだ」

と理解を示してくれた。

旅先の犬友達

伝統の騎士道にそったフェンシングをするかなり保守的な学生連合が主催するこの大規模なお祭りは、毎年聖霊降臨祭の連休にコーブルクで催されることになっており、この町の年中行事の一つでもある。現役の学生だけでなく、卒業生も全国から集まり、数日間コーブルクの町で飲めるだけ飲み通す一種の同窓会である。クラウディアやキャリンは若い男子学生たちに囲まれ、ヘルヘンは昔のクラスメートと話をはずませた。幸いよい天気に恵まれたので、屋外での活動が主になり、山登り、ハイキング、グリル・パーティーなど子供や飼い犬も一緒に楽しめる催しものがどっさりあった。この会に参加する人たちの中には、狩を趣味とする人たちが意外に多く、猟犬も数匹参加していた。

私はツェーザーという名前のハンガリーの猟犬と仲よくなった。面白いことに、もう一匹、瓜二つの猟犬がいたが、この二匹は雄と雌でありながら、たいへん仲が悪かった。犬同士の相性は犬種とは関係なさそうだ。プログラムの一つに、最後の夜を飾る公式の松明行列があり、私はフラウヘンと一緒に市庁舎の前に並び、ツェーザーも紐につながれてやってきた。そこで音楽隊と一緒に行進するヘルヘンたちを迎えることになっていた。ツェーザーは猟犬だというのにトランペットの音を聞くと、しっぽをまいて逃げ出すので、フラウヘンが、

「これで、狩ができるのですか」

と聞くと、彼のフラウヘンは、

「すべての狩猟テストには優秀な成績でパスしたのですよ。でもガン・シャイで銃声だけ

はどうしても駄目なんです。それで上級試験に落ちてしまって」

と、残念そうにいっていた。そうかと思うと、音楽隊を背にして主人と一緒に歩調を合わせて行進している犬さえおり、よくあの騒音にたえられるものだと感心した。さすがにその犬は観衆の拍手を浴びていた。やがて私のヘルヘンも、ゲッチンゲン大学の帽子をかぶり、松明をかかげて、いつにない神妙な顔をして行進してきたが、フラウヘンが引き紐を短く持っていたので、彼のところにとんでいけなかった。

ホテルでは吠えてはいけない

コーブルクで聖霊降臨祭の連休を過ごした後、旧東ドイツに入ることになっていたのだが、その日はもう遅くなったので、旧境界の近くのホテルで一泊した。そのホテルは犬に好意的なホテルだったが、私も大人の半額の宿泊代を払わなければならなかった。今までもホテルに泊まったことは何度もあるが、ホテル代を請求されたのは初めてだった。

ホテルというものも今でこそ慣れたが、初めて泊まった時はそれこそたいへんだった。あれは確かスイスのホテルだったと思う。夜、私は物音を聞くたびに番犬の本能を発揮してみなを困らせた。廊下を通る人の足音を聞きつけてはワンと吠え、中庭の駐車場に車が止まるたびにもワンワン吠えた。ホテルの支配人にもうなり声をあげて、メイドさんも絶対に私たちの部屋に入らせなかった。

「ここはホテルというところで、家ではないから番をしなくてもいいのだよ」

とヘルヘンはいったが、私は怪しいと思ったら吠えずにいられなかった。やかましく吠えて泊まり客に迷惑をかけるといけないので、あまりうるさいようだったら、私を車の中で寝かせようと、ヘルヘンとフラウヘンは話していた。

とにかくその夜は私があまり興奮しているので、フラウヘンは獣医から処方された睡眠薬をドッグ・フードに混ぜて私に飲ませたらしい。しかし薬などは一度も与えたことがないフラウヘンは副作用を心配して、いわれた半分の量にとどめたため、睡眠薬は数時間しか効果がなかった。結局フラウヘンは私をベッドに一緒に入れると、抱きかかえる格好で寝ることになった。そして私が吠えそうになって身体をピリッと緊張させ、息を吸いこむとそのたびに、

「ボニー、よしよし」

と落ち着いた声でなだめ、毎度、吠えるチャンスを逃した。犬の私は適当に睡眠を取り、怪しい音の合間にウトウトすることができたのだが、そういう器用なことのできないフラウヘンは、とうとうその夜は一睡もしなかったそうだ。それでも次の日の夜は、ホテルという場所を理解したせいか、一度だけ真夜中に隣の部屋でシャワーを浴びる音がした時、ワンと吠えただけで、その後は物音を無視することを覚えておとなしく寝ることができた。

ヘルヘンもフラウヘンも二日目はさすがに睡眠不足のせいかぐっすり寝たそうだ。前の日にフラウヘンのベッドに入れてもらえた私は、ホテルではこの特権にあずかれるということをすぐに覚え、二日目も彼女のベッドにもぐり込んだ。しかし羽ぶとんは毛皮のコー

トを着ている私には暑すぎて、夜中には自発的にベッドから降り、ベッドサイドの絨毯の上で熟睡した。

＊

仲よしのエアデール・テリアのベリーは、同じヘルマン・ローンズ通りに住んでいるが、生まれつきおっとりとした性質で、まず吠えたことがない。私も毎日彼の家の前を通るが、吠え声を一度も耳にしたことがない。フラウヘンはそういう静かなベリーが羨ましいというと、彼のヘルヘンは、番犬にもならない困った奴だといっていた。

夏休みになると、ベリーはいつも家族と一緒にバイエリシャー・ヴァルトの森に避暑に行く。ホテルに泊まり、家族が出かけている間ベリーは部屋でおとなしく待っており、部屋係のメイドも平気で部屋に入れて、掃除が済むまで床の毛布の上で丸くなって待っているそうだ。しかしある時、そのメイドが部屋の角を掃除するために、そこに置いてあったスーツケースを移動しようとすると、ベリーが「ウーッ！」と軽くうなったそうだ。「ヘルヘンのスーツケースに手を出すな！」という意味だ。メイドはびっくりしてスーツケースから遠のいた。ベリーの飼い主はその話を聞いて初めて、それまでは頼りがいのない犬だと思っていたベリーがなかなか立派な番犬であることを知ったという。

煙草を吸わない上客

レストランもそうだが、ホテルも星の数が多ければ多いほど、犬にも好意的で寛大なと

ころが多い。ウィーンの一流ホテルの支配人は、

「犬の客の方がマナーができてますよ。枕を煙草の火で燃やすこともしませんし、ハンガーやタオルを土産に失敬することもないし……」

　といって、私を大歓迎してくれた。確かにホテルという場所をわきまえてからの私は、声も立てず、足音も立てない静かな模範客である。ホテルも慣れると面白いものだ。大きなホテルで同じような部屋が並んでいると、ルーム・ナンバーを見ずに自分たちの部屋を探すのは、私がいちばん早い。方向音痴のフラウヘンはエレベーターから降りると、もう自分たちの部屋が右の方向だったか左の方向だったか迷うのだが、私はすぐに正しい方向に走って行って部屋のドアの前で待っている。

　このエレベーターというものもまた曲者だ。どこにいても、鼻先でドアがあくといちばんに入らないと気がすまない私は、一度早く入り過ぎて、フラウヘンが乗る前にドアが閉まってしまった。幸い乗客がすぐにボタンを押してドアを開けてくれたからよかったが、一瞬私もドキッとし、フラウヘンはもうパニック寸前だったそうだ。

　エレベーターに比べると、エスカレーターのほうが、見た目は安全だが、犬の足の爪がひっかかる恐れがあるから、エスカレーターは避けた方がよいそうである。ミュンヘンの中心街にあるエスカレーターには「犬の乗車禁止」のサインがある。ヘルヘンやフラウヘンがエスカレーターに乗る時は、私は横の階段をかけ上がることになっている。そんな時は、階段を素早くかけ上がって、彼らが上がってくるのを待つのが常である。階段を上が

るほうが早いのに、のろのろと動くエスカレーターに乗りたがる彼らの気持ちはいまだにはかりかねる。

旧東ドイツに旅して

さて、旧東ドイツは、私たちが住んでいる西側とはさまざまな面で違っているのが、犬の私にも感じられた。まず空気の汚染がひどく、私は絶えずくしゃみに悩まされた。私はまた、水たまりを見ると、ピチャピチャ入り、ついでに味見をする癖があるが、どこの水たまりも変な味がした。泥水の他に何か化学添加物でも入っているような味だった。

しかし住んでいる人たちみな、たいへんに親切だった。ホテルの数が少なくどこも満員で、私たちは民宿を斡旋してもらったのだが、どの民宿でもたいへん犬に好意的だった。レストランの場合は「法律で決められているから入れません」といわれたところが多かったが、民宿となると法律を適用しなくてもいいので、私も一緒に泊めてもらえた。だから、ここは法律が悪いのであって、住んでいる人たちが悪いのではないこともわかった。道路をはじめ、建物の外壁などは汚いし手入れが行き届いていないが、住いの中や家具などは、デラックスではないがこぎれいに片づいており清潔そのもので、私から見ると西側とあまり変わらない。

国境が開放された後だったから、とくに面倒な手続きなしで来れたのだが、これが数ヵ月前だったら、犬が東ドイツに旅行する時には、公認の獣医による特別の健康診断と予防注射の義務があり、他のヨーロッパ諸国に通用する国際予防注射証明書だけでは入国できなかったそうである。町の中でも、あまり犬の仲間に会わなかったから、犬を飼っている人たちが西側に比べるときっと少ないのであろう。それにしては人々が犬の宿泊に好意的だったと感謝している。

＊

私たち犬のことも忘れずに書いた偉大な文学者ゲーテが詩人シラーとの友情を育てた町として知られるワイマールに来た時である。リトアニアから来たバレエ団の公演を見ることになり四人は切符を手に入れた。コーブルクのこともあるし、私をその間、知らない民宿で留守番をさせるよりも、なじみの車の中で待たせたほうがよいだろうということになった。四時間ばかりを駐車場の車の中で待つことになり、私は大きな牛の骨を与えられた。家人が私を残して家を留守にする時によくやる手である。

それが見え透いているので、私は牛の骨などにちっとも興味がないという顔をして、においも嗅がず、そのかわり換気用に少し開けた窓から鼻を突き出して悲しそうにみなを見送った。しかし、みなの姿が劇場の入り口に吸い込まれると諦めて、直ちにもらった骨に取りかかった。車で待っていれば必ず戻ってくることがわかっていたから、見ず知らずの宿で番をするよりもはるかに安心感があった。私はみなが帰ってくるまで骨をかじり、ひと寝入りしておとなしく待った。

＊

美術館や、教会、お城等を見学する時は、私は入場できないところが多い。まずクラウディアとキャリンが先に入り、その間ヘルヘンとフラウヘンは私と近くを散歩することになっている。そして、彼女らが見学を終えると、今度はヘルヘンとフラウヘンが連れだって見に行く。私はクラウディアとキャリンに連れられて二度目の散歩に出る。

私はもともと美術品や絵画には関心がないから、その代わり二度にわたって散歩できるこういう美術館の庭めぐりは大歓迎である。ドレスデンの美術館には、犬の絵画もたくさんあったらしく、いつになく熱心に見てきたフラウヘンは、

「昔の犬って、みな、スマートだったのね」

と私を見ながらいった。

「中世の頃は主人の狩のお供をして、犬たちはかなり運動してたからね」

「猟犬も多いけど、すでに十五世紀の頃になると、愛玩用の小型犬が貴族に好まれたみたいよ。お座敷犬なんて、ごく最近の流行だと思っていたら……」

「城主の肖像画などには、足元に足の長い猟犬がつきものだし、伯爵夫人のポートレートなんていうと、マルチーズのような犬を抱いているのがかなりあるわね」

「ボニーを飼って以来、ママは油絵の隅に描かれた犬まで気がつくようになったよ」

ヘルヘンが笑っていた。中世にたくましく生きた私たちの祖先についても、最近、家族は注目するようになったらしい。つまり私のおかげで美術の鑑賞眼が広がったわけだ。こうして、私の家族は旅行をすることによって眼を肥やし、私はもっぱら鼻を肥やした。

＊

しかし、十日間の旅行を終えて家に帰ってきた時は、私はやはり何ともいえないなつかしさを覚えた。旅行もいいが家もいい。居間の真ん中で寝転がって運動したり、お腹を見せて家族に甘えたりする動作も、家でこそできるが、旅行中はやはり気が張りつめていたのか、いくら家族と一緒にいてもコロリと転がって、くつろぐ気にはなれなかった。やっと緊張がほぐれて、翌日は一日中寝て過ごした。時々私はヒクヒクと身体を震わせて寝言を言っていたそうだ。多分、旅行中ライプチッヒで出会ったセント・バーナードに追いかけられた夢をみていた時のことであろう。

第十八章　孤老を支える

コンパニオン・アニマル

テラスの隅には風雨にさらされた椅子が一個取り残されてあった。夏の終りに庭のテーブル・セットはすべて物置小屋に納められたのだが、この椅子はもう古いからと、一年中、外に出しっ放しになっているものだった。

ある晩秋の昼下がり、オーミはハンドバッグをかかえてやってくると、頼りない日差しを求めて、そのペンキのはげた椅子をできるだけ日当りのよい場所に引きずっていった。そして椅子にこぼれた落葉をていねいに手で払い、ゆっくりと腰を下ろした。そして太陽のほうに顔を向けて、ジーッとそこに座っているのだった。

ヘルヘンもクラウディアも出払って留守だし、フラウヘンは生け花のレッスンのある日で、地下のスタジオに入ったまま私の相手をしてくれない。ちょうど庭に出て落葉の間をガサゴソと前足であさっていた私は、さっそくオーミのそばに行くと、彼女はにわかに相好をくずして、

「ボニー、ボニー！　私のボニー！」

といって頬ずりしてくれた。私はしっぽを振ってそれに応え、椅子の横にドカリと座ると、彼女の真似をして木陰からこぼれ出る太陽の光を受けながら、しばらくテラスに落ち着くことにした。オーミは時々私の頭を撫でながら、わけのわからない独り言をいうかと思うと、いつのまにか目をつぶって居眠りをすることもあった。私は時々持ち場を離れてカサカサと音がするほうを見に行ったり、家の前に車でも止まる気配がすると、庭の中門のところに走って吠えてみたりしたが、その日の午後、私たちはこうやって二人だけで仲よく並んで何時間も過ごした。

別に一緒に遊ぶわけではないのだが、オーミという相手がいれば、座って庭を眺めていても退屈しなかったし、彼女も私がそばにいるだけで嬉しそうだった。険しい顔つきが自然に柔和になり、時々椅子から身を乗り出して手を伸ばし、私の頭を撫でてくれるので、私もそのたびに顔を上げては痩せ細った手首をペロペロとなめて彼女の愛情に応えた。

＊

隣り町のノイビーベルクとの境にアブロン庭園という小さな公園がある。家からはそんなに遠くない。家の向いの公園だけでは、やってくる犬が決まっていて面白くないであろうと、一週間に一度くらいの割合でフラウヘンは私をそのアブロン庭園に散歩に連れていってくれる。行く日や時間は決まっていないのだが、いつ行っても必ず会うカップルがいる。日当たりのよいベンチに腰掛けているおばあさんとリボンをつけた縫いぐるみのようなプードルである。

「ああ、また、いた、いた」

と、私はそう思いながらいつもその前をスタスタと通り過ぎる。何とも近づきにくい銅像のような彼らの様子に親しく話しかけたことはなかったのだが、ある日プードルがおばあさんの膝からピョンと降り、こきざみにしっぽを振って親しみを表してきたので、私もそれに応えて側に寄って行った。

「可愛い犬ですね」

フラウヘンがそう話しかけると、おばあさんは嬉しそうに身を乗り出してプードルの自慢をはじめた。食事がすむと、日に三度必ずこのプードルが引き紐をくわえておばあさんのところに持っていくのだそうだ。少し横になって休みたいと思っていても、つい公園に来ることになり、時々ここでウトウトやっています、といっていた。

「犬は人間のコンパニオン・アニマル」とよくいわれるが、特に孤独な老人や病人にとっては、私たちはかけがえのない役目を果していることが多い。ドイツの公園にはよくお年寄りの散歩姿が見かけられる。私は犬も連れずに、一人で散歩している人を見ると、時間とエネルギーがもったいないような気がして、「犬でも飼ったらどうですか」と声をかけたくなる。ある日、私がそう考えていたのがわかったかのように、退屈そうにブラブラ散歩していたおじいさんが、話しかけてきた。

「シェパードとコリーのミックスでしょう？　昔飼っていたハッソーに似てるからすぐわかります。残念ながら、老人ホームは犬を飼ってはいけないので、娘夫婦のところにおいてきたけれど、犬なしの散歩はつまらないですねえ。ハッソーと散歩できたらどんなに楽しいか……」

と、溜息まじりに、いかにも懐かしそうに私をながめていた。老人ホームに入るお年寄りには、ぜひ飼い犬も一緒に入居できるようにしてほしいものだ。時間のある人たちに飼ってもらったら、犬もよく散歩に連れて行ってもらえて、幸せになる。

老犬ブルリ

友達のアイリッシュ・セッターのブルリを思い出した。彼はもう十七歳の老犬で、この頃は目も耳もきかなくなってきたようだ。彼のフラウヘンは、オーミと一つ違いというから今年は九十才である。雨が降っても風が吹いてもブルリたちにはよく会った。時々フラウヘンが、何かのはずみで朝早く起きてまだうす暗いうちに向かいの公園に散歩に出ると、これまた必ず彼に出会った。ということは、彼は本当に頻繁に散歩に連れていってもらっているというわけだ。

年の功で老犬ブルリは近所の犬たちをみな知っていたし誰とも喧嘩をしたことがないおだやかな犬であった。彼のフラウヘンも近所では、「理想的な一人暮しのお年寄り」として有名であった。彼女は、櫛の目がきれいに通った白髪を束ね、きちんと見だしなみをととのえ、その上いつも笑顔をたやさず、その彼女に忠実に付き添って散歩する老犬の姿は、みなに何ともいえぬ温かいものを感じさせた。

ところがある日、ブルリが突然死んでしまった。もう半年以上癌に冒されていたそうで、かなり痛みもあったにちがいないが、いつも喜んで散歩に行くので、まさか、これほど病気が進行していたとは気がつかず、かわいそうなことをしたと彼女は涙をポロポロとこぼして語った。近所の人たちは、心から哀悼の意を表し、

「でも十七歳の長寿をまっとうしたのですから」

と慰めた。

「それで、もう犬は飼わないのですか」

みな、必ずそう聞いた。

「もうこの年ではねえ。犬を飼ったら、犬の方が長生きするから、かわいそうで飼えませんし。散歩も危なくなってきたし、十七年一緒に過ごしたブルリならば、私の歩くテンポから、散歩の道順から、すべてを呑み込んでいるから大丈夫だったけど……」

と溜息をついた。長い人生をともにした伴侶を失うことは、本当につらいことであろう。ブルリが死んでしまってから、彼のフラウヘンに会うことはめっきり少なくなった。先日買い物の帰りに久し振りに会ったが、彼女は一回り小さくなったような感じがした。

「まあ、しばらくお会いしませんでしたね。お元気ですか」

フラウヘンは心配そうに聞いた。

「ええ、おかげさまで。ただ、この頃さっぱり散歩に出なくなってしまって。昔はブルリのためだと思って頑張ってやってきたことなんだけど……ボニーは相変らず元気いっぱい

ね」

彼女は、懐かしそうに私の頭を撫でてそういった。

「散歩は身体にいいからと思っても、犬がいなくなったら張合いがなくて、ちっとも外に出なくなってしまったわ。散歩に出なくなると人にも会わなくなって……」

彼女は、そういって寂しそうに笑った。

たっぷりの散歩

とかく家にとじこもりがちになるお年寄りは、犬を飼うことによって生活のリズムもでき、義務感も出てきて、精神的にも非常によい影響が出てくるといわれている。また犬にとっても、仕事や子育てで忙しい家族に飼われると、散歩といっても近所をひと回りするだけで、途中嗅ぎたいにおいのところに来ても止ることが許されず、紐で引っ張られどうしで、用さえ足したらそれでオーケーというノンストップが多い。私も家人が忙しい時など、そんなお義理の散歩で終わる時があるからよく知っているが、もし毎日こんな調子だったら不満がつのる。

それにくらべて、お年寄りといわれる層の人たちに飼われた犬たちは、散歩はたっぷり時間をかけて出かけられるし、においも充分嗅がせてもらえる幸せ者が多い。わが家でも、そもそも犬嫌いだったフラウヘンが私を飼うことに賛成した理由の一つは、オーミが喜んで私と散歩するだろうと予想したからだそうだ。

＊

ところが、わからず屋でただただ元気のよい仔犬の私と、当時既に八十六歳になり、しかも惚けのはじまっていたオーミとの散歩は、いつも失敗に終わった。私はまだ仔犬だったが、なかなかの力持ちで、そのうえゆっくり歩くことができない年齢だった。彼女の歩くテンポは、家族の誰よりも遅いので、私はどうしてもグイグイ引き紐を引っ張ってしまい、彼女は前かがみになって倒れそうになってついてきた。そしてついに私のテンポに追いつかず紐を手放し、私はオーミをそこに残して独りで紐をひきずりながら行きたいところに行く結果となった。

紐なしでも、付添いの先になり後になり、適当な間隔を保ちながらも、必ず一緒に散歩できるようになった成犬の今だったら、オーミと一緒に散歩することも可能であろうが、当時しつけのできていない仔犬の私は、とてもオーミの手に負えなかった。

オーミのお相手

そんな私だったが、オーミに私の意思を伝えるのはお手のものだった。彼女はフランス語と英語の先生をしていたといつもいっていたから、語学は達者だったらしいが、犬語にもよく通じていて私のボディー・ランゲージもよく読み取ってくれた。彼女の行動パターンは惚けも手伝っていたのか、他の人よりも繰り返しが多かったし、昔俳優として舞台にたっていたという彼女は、とかく表情や動作がオーバーでわかりやすかった。オーミが前庭に出ると、私は必ずとんで行って先回りをして門のところに走り、戸を背にしてきちんと座り彼女のほうを真っ直ぐに見上げた。

「ボニー、おんもに出たいんだね。よしよし、戸を開けてあげよう」

といって、危なっかしい足取りで寄ってくると、庭の戸を開けて私を外に出してくれた。

しかし、これがいつもオーミとフラウヘンの口喧嘩のもとになった。

「道路は車が通るから、危ないでしょう。ボニーを勝手に外に出さないで下さい」

「なーに、私が見てるから大丈夫ですよ」

「見ているって、ホラ、ボニーは、さっさと道路を横切ってしまったじゃありませんか」

「車が来たわけでもなし、これくらい、いいでしょう」

「いつ、車が来るかはボニーにはわからないのよ」

「私が見てるから、大丈夫ですよ」

といった調子で、いつも口論がはじまった。家人が喧嘩するのを見たり聞いたりするのは犬の私たちにとっては、あまり快いものではなかったが、外に出たい一心で、いつもオーミに協力を求めた。そして外にさえ出してもらえたら、私は真っ先に道路を横切って公園に入った。オーミが道路脇に立って、車が来るか来ないかを見届けている頃には、私はすでに公園の入り口の木株にふりかかった仲間のにおいに鼻を近づけていた。

「オーミにいくらいっても、もうわかって貰えないのだから、もうこうなったらボニーをしつけた方が早い」

というヘルヘンの意見で、私は歩道と車道の区別を教えられ、歩道は勝手に先に歩いて行ってもよいが、車道は決して自分勝手に渡ってはならないことをきびしく教えられた。その結果、家の前のように歩道が少し高くなっている場合は、その端で必ず付添いの人を待ち、一緒に渡るという習慣が身についた。盲導犬は訓練によって、白線さえ引いてあれば歩道と車道の区別がつくそうだが、私は段差がついていなければ見分けられない。とにかくこの訓練で家の門から外に躍り出ても、よほどのことがないかぎり、付添いなしで段差のついた車道を渡って公園に入ることはなくなった。「よほどのこと」とは、猫やリスを追いかけなくてはならない事情がある時である。こういう時はヘルヘンでも私を止めることはできないだろう。

ところがようやく私が独りで道路を渡らなくなった頃には、オーミの惚けが一歩進み、彼女自身、車道を渡るのが危なくなってきた。その頃からオーミは独りで外に出ることはなくなり、散歩する時は必ず誰かと一緒だった。

家人が付き添う時もあれば、オーミの介護に来る看護婦さんの時もあった。また彼女は若い青年たちに腕を組んでもらっていそいそと出かけることもあり、こんな時のオーミはいちばん楽しそうだった。この青年たちはツィーヴィー（市民業務遂行者）といわれる若者たちで、兵役を拒否して、その代わりに社会福祉の仕事や老人介護をしている人たちである。中には私もオーミと一緒に散歩に連れて行ってくれるツィーヴィーさえいた。

＊

私はオーミの散歩のパートナーとしては失格だったが、持って生まれたタレント性を発揮して、他の面で彼女のよきコンパニオンとなっている。オーミはいろいろな点で、他の人たちと少し様子が違うとは、かねがね思っていた。家人はこれは彼女が惚けているため、つまり専門語でいうと、アルツハイマー型老年痴呆症という病気のためだといった。そして家人は時々オーミを一人前に扱っていないような時もあった。

しかし、私はオーミがどんなことをしても、どんなことをいっても、いつも同じ態度で彼女を慕っていた。オーミは食事のたびにわが家のほうにやってくるのだが、プンプン怒りながら入ってくる日があるかと思うと、笑い上戸になってくる時、そうかと思うとすすり泣きの日などもあり、感情の起伏が非常に激しかった。こんな時家人は、

「また、はじまった！」

と、うんざりした顔つきをすることが多いが、私は必ずしっぽを振って挨拶をする。そうすると怒っていた顔が急にニコニコと笑ったり、泣いていたのが止まったりすることもある。いつもそういう効果があるとは限らないが、私はいつもの態度を崩したことがない。それにオーミを笑わせるのがいちばん上手なのも私だ。

彼女のいちばんの楽しみは午後のコーヒーの時間で、週末の天気のよい日などに、テラスでみなとコーヒーを飲んでくつろいでいる時はいちばんご機嫌がよかった。私もこういう家族団欒の時間は大好きで、そんな時は別に遊んでもらわなくても至極満足で、芝生の真ん中で仰向けに転がって、足で空中を蹴ったり、背筋を伸ばしたりして独り遊びをする。

そんな私を見るだけでオーミは子供のようにはしゃいで、

「ホラ、フォルカー！　見て、見て！　ボニーがあんなかわいい格好をして、幸せそう！」

と、心から楽しそうにほがらかに笑った。犬のこの体操を見て、まず微笑まない人はいない。

人の気をしずめる

ふつうの日の朝は、白衣の看護婦さんが出入りするので、オーミのところに挨拶に行くことが許されないが、日曜、祭日はフラウヘンがオーミを起こしに行くので一緒について行き、ベッドサイドにとび上がって、「おはよう」のキスをする。彼女は大喜びで半分寝ぼけ眼を開けながら、それでもちゃんと私の名前を呼んで頭を撫でてくれる。

最近人の名前はだんだん忘れがちになってきたオーミだが、私の名前は忘れずに覚えていてくれたので、それが私の自慢でもあった。この間の日曜日の朝、私はいつものようにフラウヘンについて、オーミを起こしに行った。彼女はこの日はもうすでに起きていてベッドサイドに腰かけており、

「なんで今頃来るの。遅いじゃないの！」

と文句をいった。とくにご機嫌が悪そうだった。それでも私はいつものようにベッドに前足をかけて彼女の顔をペロリとなめて挨拶をしようとしたが、それさえも片手ではねのけるありさまだった。いら立っているようだったので、寝室の隅のほうにそっと座ってお

となしくすることにした。するとフラウヘンと何やら口争いをはじめた。それくらいならよくあることで、たいしたこともないのだが、やがてオーミは極度に興奮し出し、フラウヘンをつかむと、持っていたタオルで彼女を叩き出した。

今の今まで、家族の人たちがこのような派手な喧嘩をしたところを見たことのない私は、ビックリしてそこに釘づけになった。時々ヘルヘンとクラウディアが面白がって取っ組み合いごっこをすることがある。そんな時、私はしっぽを振りながら一緒にゲームに加えてもらい、遊びだと承知のうえで、弱いほう、つまりクラウディアの味方になって、ヘルヘンを咬む真似をしてこのゲームが終わる。

しかし、このオーミとフラウヘンの取っ組み合いは、遊びではなさそうだ。それにしても、どちらの味方をすべきかわからないし、とにかく状況の判断が下し難かった。

＊

「こんなシーンを見せてはボニーがかわいそうよ。ほら、ビックリしているじゃない」

フラウヘンは、そういってオーミの気をしずめようと試みた。

「ボニーって、誰のこと？」

私の名前さえも忘れているというのは、かなり気が動転しているに違いなかった。私はフラウヘンの息づかいから、彼女は落ち着いていることがわかったので、何の行動にも出ず、ただただ目を丸くして成行きを見守った。

「犬のボニーよ。ホラ、ボニーちゃん、ここにおいで」

フラウヘンがやさしくそう呼ぶので、私はしっぽの先の方を少し振りながら、ノソノソと二人の方に近づいた。

「ああ、私のボニー!」

オーミは、夢から覚めたように私を引き寄せると、頭に顔をうずめるようにしてキスした。

「ボニー、ボニー、私の愛するボニー!」

あまり居心地はよくなかったのだが、そばにじーっと立ち続けたまま、オーミのするがままになっていた。彼女は私の背中を毛並にそってていねいに撫で続けた。初めは、ややあせりぎみの撫で方だったが、しだいに落ち着いた、規則正しい手の動きを背に感じた。そうしているうちに、彼女の興奮がしずまってくるのが私にもわかった。やがてオーミが落ち着きを取り戻すと、フラウヘンは彼女をバスルームに連れていった。

私はそれを見送ると居間の私専用の椅子にとび上がった。バスルームからはすでにオーミとフラウヘンの笑い声が聞こえてきた。やれやれ二人とも、もう仲直りしたようだ。テーブルの上には、コーヒーとさっきフラウヘンが焼いていたおいしそうなパンがのっていたが、これはやがてオーミが出てくればお相伴できるものなので、ソファで丸くなって彼女がバスルームから出てくるのを待つことにした。

＊

アメリカでの研究で、こんなことが発見されている。ある老人ホームで、血圧の高い人たちを二つのグループに分け、テスト・グループAでは、犬、猫、ウサギなどの毛のはえたペットを飼い、テスト・グループBでは、鳥、蛇、亀など、抱いたり、撫でたりできないペットを飼って様子を見たところ、グループAのほうの老人たちは、グループBの老人たちに比べて血圧が目に見えて低くなったということである。つまり毛のあるペットを撫でることにより功を奏したという報告書であった。

私はまさにオーミとこの臨床実験をしたことになる。犬や猫を飼っている人たちは、飼っていない人よりも長生きするという統計も出ているそうである。

第十九章　土曜日はショッピング

庭にできた滑走路

さっきから今か今かと待っていたのだが、フラウヘンはやっと着替え室から出てきた。私は彼女にとびついて、「おはよう」のキスをすると、階段を一気にかけ降りた。そしてテラスのドアが開くと、私は大急ぎでとび出し、まず庭を猛スピードで横切って垣根の先端の一歩手前でブレーキをかけた。ブレーキをかけるそこの地面はすでに芝生はなく、地面はへこんで固くなっている。そういえばテラスの前の芝生もはげてしまった。ここは庭にとび出して、第一に加速するところで、四本足で思いきり蹴るのでこの辺りの芝生も生えてこなくなった。

私は家人が開けるドアというドアからは、開ける度にとび出して、そのついでに庭を突っ走らないと気がすまないので、何回となく走るところは、あたかも飛行機の滑走路のように道がつき、芝生の庭にくっきりと対角線ができて、これが家人の悩みとなった。この芝生の荒れ方に困ったフラウヘンは、同じところが荒らされないようにと、毎朝私が庭に出るドアを替えることにしている。

「ママは、庭の滑走路は一つでは足りないと見えて、何本も造りたがっているよ」

などと、ヘルヘンは冗談のつもりでクラウディアに話していたのだが、いよいよ庭に数本の滑走路ができはじめると、さすがに気になったヘルヘンは庭師を呼んで、

「犬がかけ回っても傷まない強い芝生を植えて下さい」

と頼み込んだ。芝生は年々改良されて、宣伝文句では「サッカーのフィールド用に改良された強い芝生」、「日陰でもどんな土壌でも生長する新製品」などとうたわれているにもかかわらず、私の運動に耐える品種はまだ市販されていないようだ。どんな新製品の芝生の種を撒いても、やがては滑走路がつき、スタートとブレーキをかける場所は、芝生どころか雑草も遠慮して生えてこない。

キーワード

さて、私は八百平方メートルの敷地を一周して、夜中に誰が侵入してきたかを見て回る。隣の針ネズミが何匹遊びにきたか、貂《てん》（イタチ科）の足跡がどこまで続いているかを追跡し、リスの食べ残したハシバミの実が落ちていないかも細かく点検した。そしてこの朝の定期パトロールを終えると、隅のくさむらの一角で用を足し、コーヒーの香りがしてくるキッチンのドアを軽くノックして、中に入れてもらう。

今日は、土曜日だということを私はすでに感知している。ヘルヘンとフラウヘンが遅く起きてきただけでなく、ヘルヘンはいつになくゆっくりしているし、朝の洗顔をした後も

背広を着ずにふだん着に着替えている。フラウヘンは反対に、そそくさと鏡に向かって化粧したり、階段を昇ったり降りたりとあわただしい。クラウディアはというと、昨夜はボーイフレンドと遅くまで出かけ、三時頃に帰ってきたから、今日は多分、昼頃までは寝ている計算だ。起こさずにそっとしておいてやろうと思い、彼女の部屋には行かないことにした。

土曜日という日は、ヘルヘンやクラウディアは家にいて、フラウヘンが車で買い出しに行くことになっており、私も一緒に買い物ドライブに連れて行ってもらえる日のことである。私は、期待に胸をふくらませてフラウヘンにくっついて歩き、彼女の行動や言葉に注意を払った。そしてヘルヘンとの会話の中に、「買い物」、「車」あるいは、「ドライブ」のいずれかの言葉が入れば、私はすぐにでも出かける用意をした。

＊

「うちの犬は僕の言うことが全部わかる」

と思いこんでいる飼い主があるかと思うと、

「犬が人間の言葉が理解できるというのはまちがいで、言葉に付随するジェスチャーやイントネーションだけで理解しているのである」

という人もいるが、私はどちらも正しくないと思う。犬は訓練によって教えられた言葉はもちろんのこと、教えられなくても、自分に関係のある名前や言葉は、最低五十語くらいは理解できるようになるものである。ただし、その言葉は常に具体的なものや事柄を意味し、その言葉が発せられる状況や時間帯なども理解するのに大切な要素となっている。「ドライブ」という言葉も土曜日の朝という時間と、フラウヘンが準備している状況の中でこそ生きた言葉であるから、その音声が耳に飛び込んでくれば、私は喜んでしっぽを振り、すぐに玄関に急ぐ。これが他の日や時間帯、例えば、ドライブから帰ってきたばかりの時などに、

「今日もボニーは車の中でうるさかったわ。もう少しお行儀よくドライブできる犬だったら、いつも買い物に連れていってやるんだけど……」

などとフラウヘンが、「ボニー」、「車」、「ドライブ」、「犬」、「買い物」など私に関係のあるキーワードを並べ立てることはあるが、私は全く関心を示さない。これを、私が叱られているから、聞こえないふりをしていると過大評価してもらっては困る。キーワードはちゃんと聞こえているから、耳をピクピク動かすことはあるが、ドライブから帰ってきたばかりで、また出かけるはずはないから、具体的な外出を意味する発言とは解釈しない。

これと反対に、いつもの散歩の時間になって、たとえば、

「まだ雨が降っているから、散歩はもう少し後にするわ」

などとフラウヘンがいいでもしたら、この待ちに待ったキーワードの「散歩」という言葉を聞いて大喜びする私の誤解を解くのは生やさしいことではない。

ドライブのマナー

ところで、私は仔犬の時からドライブのマナーが非常に悪い。車に乗ると興奮して手のつけようのない犬になる。せっかくのしつけも水の泡で、ワンワンと通行人に吠えたり、吠える理由がみつからないとヒーヒーとないたり、運転中のヘルヘンやフラウヘンを肩ごしからペロペロなめたり、なかなかじっとしていられないたちである。後ろの両側の窓ガラスは、私の吐く息とこすりつける鼻で、常に不透明な模様ができ上がっている。

「もしかしたら、車に酔うのだろうか」

と、みなが心配した時期もあったが、私のこの騒ぎは不思議なことに「行き」だけで、帰りのドライブは、家に着くまでおとなしく座っていられるというおかしな症状であった。他の面では「行儀のよい犬」と、家に来た客たちもみな感心して、

「こういう犬なら飼いたい」

とまでいう人が少なくないのだが、一度一緒にドライブでもすると、

「やっぱり、やめよう」

ということになる。どうして車の中ではおとなしくできないのか、いまだに原因がつかめないままになっている。

「車に乗るのが嫌いなわけではないでしょ。ドアを開けると待ってましたとばかりに、と び乗るし」

「ドライブという言葉を聞くと大喜びするしね」

「他の飼い主に聞くと、車に乗ると俄然おとなしいという犬が圧倒的に多いわよ」

「アナリーゼの知合いの犬の話、したかしら。ドライブが大好きで、よその車でもドアが開いていると、つい乗ってしまうんですってよ。ある時ガソリンスタンドでよその人の車に乗り換えちゃって、その車を運転していたおじさんは、気がつかずにガソリンを入れた後、さっさと行ってしまったということなの。犬もおとなしいので、おじさんもしばらく気がつかなかったそうだけど、突然バックミラーで後ろに犬を乗せていることを発見して、もうびっくりしてしまったということ。大急ぎでガソリンスタンドに戻ったので、どこへ行ってしまったかと心配して近所をさがしていた飼い主に手渡すことができて、めでたし、めでたしとなったそうよ」

「ボニーにはありえないことね」

「昔のスパニエルも、車の中では窓の外を見ておとなしくしてたものだよ」

　ことあるごとに家人は、車の中でおとなしい犬の話を持ち出しては、私のドライブのマナーの悪さに頭を悩ましていた。

　それこそいろいろな方法が試みられた。私がワンワン吠え出すと、口をふさいで叱ったり、水鉄砲でおどかしたりした。おとなしくしたら、ほうびのドッグ・ビスケットをくれたり、気をそらせるために骨でも噛むようにと与えられたりもした。座席を動き回る落ち着きがない私を、急ブレーキでおどかすこともあった。運転手が、「おすわり」と命令を下すと、その瞬間は座るのだが、次の瞬間にはもう立ってしまっている。

「立っていると、ホラ、急ブレーキをかけた時に、ころんで痛い目にあうでしょう。だから、おすわりといっているんですよ」

と、何度も急ブレーキをかけて何度も転んだ。だから、おとなしく座ることを覚えたかというとそうではなく、かえってこのトレーニングで、急ブレーキや急カーブでも、足を踏ん張って、ちょっとやそっとでは転ばないように立っていることを覚えてしまった。

最近、犬用品専門のカタログ販売で、どんな車種にも合う、前の席との間に張るネットを注文して、それをつけてからはさすがに運転席に行くことができなくなったので、運転手の邪魔をすることはなくなった。しかし、後ろの席でウロウロして、吠えたりないたり、依然としてうるさい神経質の犬には変わりなく、運転する人も一緒にドライブする人もくたくたになってしまう。

電車では行儀よく

乗り物が嫌いだというわけではない。ミュンヘン市内を走っている地下鉄や、郊外を走る高速電車の中では大変行儀がよい。ドイツではどこでも子供と同じ料金を払えば犬も乗車できる。

私がこの家に来た当時はギムナジウムの生徒だったクラウディアも、今では大学生になった。そして私は時々クラウディアと一緒にミュンヘン大学の研究室にも電車に乗って出

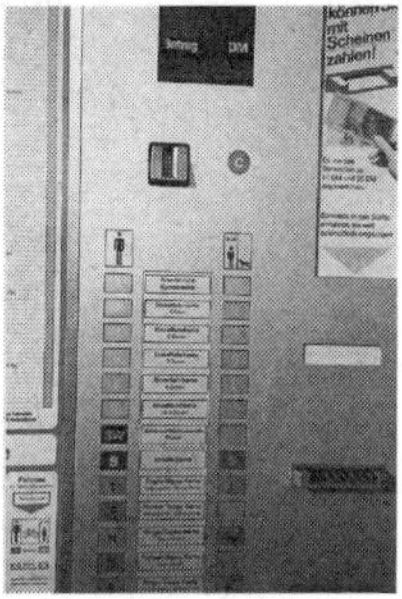

犬と子供は料金が同じ。
乗車券の自動販売機

私はよく電車にも乗る。電車の中では行儀よく

かけることがある。電車の中ではクラウディアの足元に座り、しっぽを踏まれないように丸めて、できるだけ隅の方でおとなしくしている。大学の講義にも、時々犬を連れてくる学生がいるので、クラウディアも一度は私をゼミナールに連れて行きたいといっているが、まだ「私向き」の適当なゼミが見つからないということだ。

フラウヘンと一緒にミュンヘン市内に出かける時もよく電車で行く。電車に乗る時は必ず引き紐につながれるが、乗用車の中よりもはるかに行儀がよい。犬を怖がる人は一人もいなく、私の陣取っている席の横にわざわざ腰掛けて話しかけてくる犬好きの乗客も多い。

仔犬時代の癖はいつまでも

結局、仔犬の時から今に至るまで、乗用車の中でのマナーには全く進歩がない。正直いって、自分でもなぜこういう状態におちいるのかわからないが、多分、ただでさえ興奮しやすい私は車に乗ると極度に興奮するということが重なり、しかもそれが癖になってしまったのだと思う。不思議なことに、私は長距離ドライブの時は模範生に近い。アウトバーンをヘルヘンが二百キロでとばしている時などは、かえって静かに座っていることができる。だから長距離のドライブにはよく連れて行ってもらえるが、ほんの近くまで買い物に行く時がいちばんたちが悪い。もう少しおとなしくドライブできる犬だったら、もっと頻繁にいろいろなところへ連れて行ってもらえるのだそうで、その点だいぶ損をしているらしい。

＊

今日も、隣町までの道中はフラウヘンに叱られ通しだった。途中下車して森を散歩した。家の近所とは全く違うにおいがあって、やはり車で遠くまでくると面白い。家の近くの公園では、仲間のにおいに応えて、私も名刺交換をする習慣があるが、家から離れた他犬の縄張りでは、知らぬ犬のにおいを嗅ぐこと自体は興味があるけれど、私のにおいを故意に残すことはまれである。この森の一本道ではジョギングをしている人にもよく会った。今日の青年は私を見ると走るのをやめて歩いた。犬をよく知っている人に違いない。私も最近はジョガーを見ても吠えたり、追いかけたりしなくなったが、仔犬の頃は時々トラブルをおこして叱られたものだ。

散歩を終えて私も満足したところで、いつものスーパーの駐車場に来た。フラウヘンは日陰の場所を選んで駐車し、天窓を少しあけて新鮮な空気が入るようにすると、スーパーの入り口に消えた。私はそれを見送ると、毛布の上で一寝入りすることにした。一週間分の家族の餌の買い出しだから、フラウヘンは一時間近く帰ってこないことも多い。駐車している車の中で、独りでおとなしく待つことはお手のものだった。反対にこれが苦手な犬はたくさんいる。もちろん、誰かが車のそばに寄ってきたら、番犬であるからワンワンと吠えるが、動いている車に乗っている時のような落ち着きのない犬ではなく、一時間でも二時間でも、車の中ではおとなしく待つことができる。

やがて彼女はゴロゴロとスーパーのカートを引いて戻ってきた。歩幅の小さいフラウヘンの足音はすぐにわかる。私のドッグ・フードの缶詰もどっさりのっていた。それを全部トランクに積み込むと、空になったカートをまたゴロゴロと返しに行ってやっと買い物が終わる。

駐車場でマイカー探し

その日は、ノイビーベルクのスーパーの買い出しの後、オットーブルンのショッピング・センターの駐車場に車をとめて、写真屋と花屋にも寄った。これらの店は中に入ることが許されるので、車から降りて一緒に店に入った。馴染みの花屋の主人は私の名前さえも知っている。買い物がすんだ後、駐車場でうちの車を探すのも面白い。だいたいは駐車した場所を記憶しているのでそこに直行する。現在のうちの車はブルーだが、今日は隣に駐車してあった赤いベンツとの見分けがつかず、そばまでにおいを嗅ぎに行ったので、フラウヘンはがっかりして、

「犬は色盲だというけど、本当に色がわからないのね！」

といった。しかし犬は完全な色盲ではない。最近の研究では、犬は白黒の区別の他に赤と青の違いもわかることが発見されている。ただし訓練や実験によって色が区別できるということと、日常生活で色を認識の基準にしているということとは別である。私はふだんは、色を無視する癖がついている。時々ヘルヘンは私を大学の研究室にも連れて行ってくれるのだが、彼が開発しているロボットも色盲だそうだ。車の無人運転を目標に、道路や

景色や障害物などをカメラで捉えてコンピューターで処理する研究をしているヘルヘンは、分析する画像は白黒で充分だといっている。私もそう思う。車の判定の最後は私も嗅覚に頼り、どうしても自信のない時は、車の鍵穴に鼻をつけて中のにおいを嗅いで判断する。

＊

あたかもドライブが嫌いなのではないかと思わせるほど、車の中では神経質になるにもかかわらず、私はこの土曜日の朝の買い出しは、楽しみにしているプログラムの一つである。だから、私はカレンダーが読めるわけではないが、土曜日になると朝からそわそわして、フラウヘンはいつ出かけるか、私も連れて行ってもらえるかどうかと、真剣に探り出し、それらしいサインが出れば、直ちに出かける準備をする。

そのうちに行動をどんどん先読みするようになり、最近もう一つ買い物ドライブの決め手になるパターンを発見した。フラウヘンは、買い出しに行くためのメモをことあるごとに台所の冷蔵庫のドアに磁石で貼りつけている。そのメモの紙を全部剝してハンドバッグに入れれば、これは車で買い出しに行くということが確定するので、私はしっぽを高くあげ、ヒーヒーと興奮する。

「冷蔵庫の紙切れを取れば、ドライブに連れていってもらえる」という因果関係は、かなり確実性がある。先週の土曜日などは、ガレージまで行ったフラウヘンが、この紙をとりにまた戻ったくらいだから、この紙なしで買い物ドライブに行くことはまずないと思ってまちがいない。

第二十章　パーティーの接待

ゲストを迎える

ダイニング・ルームの食卓に真っ白なテーブルクロスがかけられ、ワイン・グラスがならべられた。食器の種類もナイフやフォークの数もいつもより多い。その上フラウヘンがテーブルの真ん中あたりに花を生けている。今日はディナーの客が来るに違いない。誰が来るのだろう。フラウヘンは朝から忙しく立ち働いて、いつもは洗ったこともないワイン・クーラーやお盆まで磨いている。その上、犬のにおいが部屋中に漂っているといけないとかで、私のバスケットの中のシーツが替えてもらえたり、台所の出入り口の私専用の足拭き雑巾まで、洗剤のにおいがプンプンするものに替わった。フラウヘンは、いつもこうきれいにしているような顔で、すまして客を迎えるのだが、私は彼女が、いつもはしないことをやり出すと、「ハハーン、客が来るのだな」とすぐわかる。だから私は絶えず外を見張ったり、車の音でもすると耳をピクッと動かしたりして、いつになく表道路の様子に気をつかう。

台所のにおいの加減からも、そろそろ招待客が現れる頃だと思っていると、ヘルヘンがワインを地下室から運んでくる。私は前庭に面した窓のところの見張り台に座ったままで待つことにする。そして家の前で車の止まる音でもしたら、ベルがなる前にワンワン吠えて人が来たことを知らせる。おせっかいな私の吠え声に家人は顔をしかめているが、もう永年ついてしまった癖は今さら直らない。

さて一番乗りのゲストは、すでによく知っている人だが名前は忘れた。奥さんは香水の臭いをプンプンさせてきた。ご主人の方はフラウヘンに花束を渡したが、私はあまり花には興味がないので、一度においを嗅いでお終いにした。するとまた家の前で車のドアの閉まる音がした。私はワンワンと吠えながら急いでまた窓のところに走った。今度は二人とも知らない人だった。それでもゲストといわれる人たちは、必ず玄関のベルを鳴らして、家人にドアをあけてもらって中に入ってくるということを知っているから、その手続きさえ踏めば、私は知らない人でもみな家の中に入れてやることにしている。しかし今後のこともあるから、彼らのにおいをきちんとメモリーに登録した。居間に入り、持って来た土産物の包み紙をあけるのを熱心に手伝っていたら次の客の車の音を聞きのがしてしまったらしい。リーンというベルの音に大急ぎで玄関にまわった。

今度のカップルは飼い犬のにおいをつけてきた。私は早速ズボンの裾から膝あたりまでをクンクンと嗅いだ。そして更にズボンのポケットに入っているドッグ・ビスケットのにおいに導かれてヒクヒクと鼻を動かして、彼の前におもむろに座った。気の利く愛犬家の客は、私にもちゃんとビスケットを持ってきてくれる。

「お前も家のワン公と一緒だね。フロリックスを早速発見してしまった!」
といって、テレビでよく宣伝しているマークのビスケットを数個出して手の平にのせてくれた。玄関はドッという笑い声でわいた。

だいたい、招待客がそろったようで、みなは居間に入り、立ったままヘルヘンからカクテルをもらって飲んでいる。たいていは私の嫌いな強いアルコールのにおいのする飲み物で、あまり近くに行かないように気をつけている。フラウヘンはゲストからもらった花束を花瓶に生けている。

ディナーがはじまる

やがてフラウヘンの合図で、みなはダイニング・ルームに席を移すことになり、私も一緒に移動して、隅の方の庭の見える場所に丸くなって座り込んだ。こうして私はみなが食事を終えるまでおとなしく待つことにしている。庭を見ながらも、絶えずテーブルの様子も窺っている。というのは、時々食べ物を下にこぼしたりする人もいるので、そんな時はただちに出動して掃除をしてあげるからだ。今日は一人もこぼす人がいないので、私の出番がなかった。今日のように、客が礼儀正しくダイニング・テーブルについて食事をする場合は、それが終るまで二時間位かかる。どうして満腹になるのに二時間もかかるのだろう? こんなに時間がかかったら、食べ終る頃にはまたお腹がすきはしないだろうか。私は空腹を満たすのに二分もあれば充分だし、ましてや他の犬と一緒に食事をする時などは、独りで食べる時の倍の速さになるのが常である。その上、食事が終ってもなかなか席をたたず、テーブルを囲んで談笑している。それでもやがてヘルヘンの合図で、再び居間にひきあげた。

暖炉の前で

食後は、ヘルヘンがよく暖炉に薪をくべて火をつけ、みなはそれを囲んでワインを飲みながら更に話に花を咲かせる。私は、本当は暖炉のような暑いところは苦手なのだが、こういう夜は、なごやかに暖炉を囲むルールになっているようなので、みなの前に腰をおろす。そういえば「マイホームづくり」の広告の写真には、よく暖炉の燃える前で、お父さんが新聞を広げ、お母さんが編み物をし、子供たちがおもちゃで遊び、必ずといってもいいくらい足元に犬が寝そべっている。最近はどこの家でも中央暖房《セントラル・ヒーティング》が普及しているから、暖炉はただの居間の飾りで、少々薪をくべてノスタルジアな雰囲気をかもし出す役目だけに終って、暖房の機能は果たしていないのだが、私も顎を絨毯にピッタリとくっつけて、広告写真にでも出られそうなポーズをとりながら、団欒に加わるのが常である。ついでだが「マイホームの庭造り」の広告写真に出るには、こんなふうに寝そべった犬は失格で、サンサンと輝く太陽を受けて、水遊びする子供とさかんにじゃれている犬の姿でないと受けない。そして、それを派手なパラソルの下で若い夫婦が楽しそうに見守っているというのが、ドイツ人のあこがれの構図である。

それはさておき、暖炉に向けて延ばした客の足に顎をのせたりすると、たいていの人は嬉しそうだ。動物に好かれて嫌な人はいない。

「ボニーは、あなたがとくに気に入ったみたい！」

という家人の説明があると、それこそ光栄に感じるらしい。時々素足の客がいる時は、足をペロペロとなめさせてもらうことがあるが、さすがにこれには、

「ヒャー！　くすぐったい!!」

と悲鳴を上げて足を引っ込めてしまう人の方が多い。暖炉の薪はよく燃え、時々パチパチと音を立てて火の粉がとぶ。バックグラウンドに流れているモーツァルトのソナタが時々ゲストの笑い声で消される。

ゲストを見送って

時計の針が十二時をまわった頃、客はまた一組ずつ帰って行く。私はその度にヘルヘンとフラウヘンと一緒に玄関から寒い前庭まで出ると、車が遠ざかるまで見届ける。私は誰が帰っていって、誰が残っているかということはよく知っている。とくにこういう日は、最後のゲストが帰ると、残り物の夜食にありつけるから、群れを観察することはたいへん重要な意味を持っている。それでも私は、最後の客の車の音が聞こえなくなるまで、家人の誰よりも熱心にそれこそ名残惜しそうに垣根に鼻を押しつけて見送るというじらしいところをみせる。それが終わると、今度はまた誰よりも早く家の中に入り、台所に直行す

る。そして食器洗い機の前に行儀よく座って、片付けをするフラウヘンを見守る。まだゲストのにおいがするお皿や口紅のついたスプーンなどが私の鼻先で、次々と食器洗い機に入れられる。仔犬の頃はこういう皿をちょいちょいなめては叱られた。きれいに洗う手伝いをしているのに、どうしてなめてはいけないのか理解できなかったが、一度我慢していたら、

「今日はお皿をなめないで、いい子だったわね。ハイ、これはごほうび」

といって、残りものの中から肉の塊がもらえた。台所の隅で目だたないように座っていると、フラウヘンは私が待っていたことに気がつかないが、食器スレスレのところに座って待っていると、いかにも我慢しているようで得をすることを知った。今日は、ゲストの食器やナイフやフォークが全部機械に収まるまで、かなりの時間を要した。やがてそれも終わり、ガチャンと戸がしまると、いよいよ待ちかねていた残飯がたくさんもらえた。塩味の肉に甘いデザートの残りもごちゃまぜになったものだが、ソースも一滴も残さず片づけ、最後に水飲み器から水を飲むと、私は満足感が身体中を走るのが感じられた。その日、食器洗い機は夜中の三時過ぎまで、ガラガラと音をたてて台所で働いていた。

立食パーティー

ゲストがみなダイニング・テーブルについて食事をする時は、それほどたくさんの人が来ないが、時々部屋一杯になるくらいの大勢の客が来ることがある。椅子の個数や食器、

ナイフ、フォークの数から、フラウヘンは四十人まで招待できるといっているから、そんな時は私は八十本の足に囲まれる計算だ。そんなパーティーの時は、初めこそまめに、来た人、来た人にワンワンと挨拶するが、そのうちに間に合わなくなり、十羽ひとからげで、その上においを嗅ぐ方もおおざっぱになってくる。こういう大勢の場合は、たいてい立食式のパーティーとなるので、これはまた別の楽しみがある。つまりいろいろな食べ物がテーブルいっぱいに並べられ、パーティーの間中、みなが自分の好きなものを、セルフサービスで皿にとって自由に食べるという式のものである。私も客の間をめだたないように行き交って、パーティーの仲間入りをする。もちろんこの様に混雑する時は、座ったりしているると床にフサフサとたらしたしっぽをあやうくハイヒールのかかとなどで踏みつけられることがあるから、立っている方が安全だ。それでも私は足が四本もあるので、その一つを誰かに踏まれる可能性も高い。「キャン！」と鳴くと、踏んだ人がものすごく申し訳なさそうな顔で、

「ごめんなさい、ごめんなさい！」

と謝る。同情されると悪い気はしない。さかんにしっぽを振って寛大さを示す。

「足を踏まれて、しっぽを振るところは、家のベリーとそっくり」

という客もいた。どこの犬もおおらかに育っている。

「こんなおいしそうな肉がテーブルに並んでいても、ボニーは勝手にとらないなんて偉いね」

と誰かが私の名前を出してほめている。もちろん、とっくの昔にテーブルすれすれのところで、においの点検はすんでいるから、どの辺に肉料理が置いてあって、どの辺りがあまり食欲をそそらない果物とサラダのコーナーかはすでに知っている。しかしテーブルの上の物は絶対に勝手にとるようなことはしない。ただし大勢の人の中から、私にくれそうな人を見分けるのはお手のものだ。この間のパーティーの時も、何かと私に話しかけてきてくれた一見犬好きの男の人がいたので、彼がお皿に食べ物を盛っている時に、そばに寄っていって、きちんと座り、その人の顔とお皿を交互に見つめた。彼は犬を飼ったことはないそうだが、すぐにメッセージを呑み込んで私にすっかり同情した。本当は私にやりたいのだが、やってはいけないのではないかと心の葛藤がありありと表情に出たので、私は一歩進んで、再び行儀よく座り直してもう一押ししてみた。すると彼はとうとう負けてしまい、燻製の鮭とソーセージを指でつまんでくれた。客がこれほど大勢だと、家人も私にまで注意を払っている暇がないので、例外として法律が緩和される。私はそういうこともよく心得て、チャンスを見逃すことなく上手にご馳走にあずかる。

若者のパーティー

クラウディアがパーティーを催すと、全く違った雰囲気になる。ゲストがみな若い人たちで格式ばったところがなく、椅子に座らずに絨毯の上にあぐらをかいたり、寝そべったりするので非常に親しみやすい。そういえば、玄関で靴をぬいだりする人も多いから、あやうくかかとで踏まれることもない。ただこういうパーティーで気をつけなければいけないのは、床に直に置かれたお皿やコップである。それをなめてはいけないのはもちろんのこと、お皿を踏まず、グラスを倒さずにそばを動き回らなければいけないことである。これはかなりの技術が必要だ。クラウディアの部屋がいつも足の置き場がないくらいちらかっているので、私はいつのまにか床にばらまかれてあるペーパーやグラスやCDを踏まずに上手に歩き回る訓練ができていた。だいたいの犬は生まれつき注意深いので、屋内では手足に気をつけて行動することを学習するものである。私は、たとえボールが家具の下に転がり込んでも、けっして自分勝手にとることはせず、その前で「クンクン」ないて家人に知らせ、とってもらうようにしている。だから生まれてから一度も家具調度品をひっくり返したり、壊したことがないというのがヘルヘンの自慢でもある。ただし、喜んで振ったしっぽの先でワイン・グラスを倒してしまうことはある。これればかりは犬を責めることはできない。クラウディアの友達の家のコリーは、しっぽを振ったとたんに、シャンペン・グラスを十個一ぺんに横倒しにしたという記録の持ち主だ。クラウディアのパーティーは、音楽もボンボンと胸に響くようなもので、その上ギターにあわせて歌を歌ったり、腰を振ってダンスをしたりと、大人のパーティーよりもはるかに騒々しい集りになる。たいていは、ヘルヘンやフラウヘンが旅行で留守の時などに、そういう賑やかなパーティーが催される。食べ物も、ナイフやフォークを使わなくても食べられるものが多く、ポテトチップやピーナッツを宙に投げて私が上手に首を延ばしてとるというゲームもしてくれる。

子供を交えたパーティー

家には小さな子供が遊びにくることは比較的少ないが、時々大人が子供連れでくることがある。先日のパーティーに来た二人の男の子たちは、私と同じくらいの大きさなので、はじめこそ怖がって、少なくとも尊敬の念で遠くから見ていたのだが、私と遊べると知るや、「お手」や「お座り」を得意になって続けざまにやらせたり、「綱引き」などもやたらに自分勝手な遊び方になり、私のほうでだんだん飽きてきた。そこで私はテーブルの下にもぐって知らん顔をすることにした。すると弟の方が私そっくりの四つんばいになり、紐をくわえたり、ボールを拾いにいったりして犬の役を上手に演じ、兄の方が威張ったヘルヘンになって、

「来い！」

「よし、よし」

「放せ！」

などと、覚えたばかりの命令を下して、けっこう二人で仲よく「犬ごっこ」をしていた。私はテーブルの下からそれを見物しながら、犬になった子に密かに同情した。

第二十一章　ドイツの犬の権利と義務

犬のための法律づくり

一九九四年の二月、犬の飼い方に関する法例の草案が発表され、マスコミをにぎわした。統一ドイツの人口は八千万人といわれ、飼い犬の数は約五百万匹という統計が出ていることの国では、犬は無視できない存在である。この草案は、一九七四年以来改正されていない犬に関する条例を大幅に改善補充する目的で、農林省が細かい規則をまとめあげたものである。これが発表されると、テレビや新聞で私たち犬族がにわかに注目を浴びるようになった。

ある新聞では、「コール政権が行う政治改革の中で、後世にも残る偉大な改革はこれくらいであろう。それにしても農林省は他に何もすることはないのであろうか」と批判される一方、犬の飼い主たちからは、賛成や反対の声が読者欄に殺到した。

フラウヘンは、さっそくボンの農林省に問い合わせて、その十七ページにわたる条例を送ってもらい、私に読んで聞かせてくれた。そのうち数ヵ条を次に紹介することにしよう。

＊

まず、犬は群れをなして生活する社会的な動物であるから、独りで放置することは犬の習性に反することであるとして、冒頭の第二条に「飼い主あるいは犬の世話をする人（これを犬の保護者と呼ぶ。保護者は複数でもよい）は、日に数回に渡って犬と社会的接触をすべきである。各成犬一匹につき、また同腹の仔犬たちの一群につき、一日合計二時間はつきあうべきである。ただし一群の犬たちを飼っている場合（同腹の仔犬の群を除く）は、犬同士で社会的接触を持つことができるので、保護者との社会的接触は一日三十分でもよい。また、保護者は一日最低八時間は、犬を視界距離内、あるいは呼べば聞こえる範囲内に置くべきである」という項がある。

この「社交条例」の草案が発表された翌日の南ドイツ新聞には、法案を手にした一匹の若犬が、「オイ、おまえは今日もう社会的接触の義務を果たしたかい？」ともう一匹の老犬に聞いている風刺画がのっていた。時々私が充分運動をして帰ってきた後、疲れて部屋の隅に丸くなって休み、ヘルヘンのそばにまつわらずにいると、彼はさっそくこの条例を引き出して、

「ボニー、日に二時間はヘルヘンの相手をしなきゃダメじゃないか。法律違反で罰せられるぞ」

と、私をからかう。しかし世の中には、誰もかまってくれずに、一日中独りぼっちにされて、不満のかたまりになっている犬があまりにも多い。「退屈病」というのが、ペットの病気のナンバー・ワンだといわれる。だから、話しかけたり、遊んでやったり、散歩に

連れていったり、餌を与えたり、グルーミングしてやったりと、日に最低二時間くらいは犬の相手をしてやりなさいという規則なのである。また、犬を常に保護者のそばに置いてやることも必要であり、こういう時間は日に最低八時間と規定している。これは日中でも夜間でもよい。

ドイツの家庭でごくふつうに育っている私のような犬ならば、当然満たされる条件であるが、共稼ぎの家庭には少し無理があるような気もする。だから隣の共稼ぎの若いカップルは、犬が大好きだからこそ、かわいそうで飼えないといっている。犬を外で飼っている家、犬のペンションや動物保護施設、またペット・ショップやブリーダーのところなどでは、ただ餌をやる時だけの付き合いで、人や他犬とのコンタクトが少ない生活を強いられていることが多い。そういう人たちには、ぜひ参考にしてもらいたい基準だと思う。

母犬との別離は生後八週間以後に？

次に、この草案には「仔犬が母犬から離れる時期は、生後八週間以後とする。母犬あるいは仔犬の健康を害する場合はその限りではないが、母犬と一緒に育てることが不可能な場合には、生後八週間はできるだけ同腹の兄弟から離すべきではない」と書かれている。これは、身体的な発育だけでなく、犬が正常に成長するということは、犬の仲間とも人間の仲間ともうまくやっていくような犬になることであるから、現在の動物行動学の立場から、生後八週間以後に犬の群れから離れて人間の群れに入るのが理想的だとするものである。

もしこの条例が一九八六年に効力を発していたら、私のケースは法律違反ということになる。私が生みの親兄弟と離れてこの家に来たのは、生後六週間だったからである。確かに犬よりも人間を好む私の傾向が、この事実と関係していないとは断定できないし、細かい犬同士のエチケットなども、後になって学習しなければならなかったことも確かだが、これだけ他の犬ともうまくやっていけるのだから、それほど問題にすることはないと思う。かえって飼い主の元にもらわれる時期が遅すぎて、人間とうまくやっていけない犬の方が問題が多いように思われる。

個々のケースは別としても、一般には生後八週間が無難な解答だとは思うが、これを法律化しようというのはいかにもドイツらしい。

犬を外で飼う時の規則も？

ドイツでは犬は原則として屋内で飼う事を前提としているが、犬を屋内で飼えない場合には、犬小屋、檻などの囲いの中、或いは庭で鎖につないで飼うことになる。その場合の規則も具体的に記載されている。

たとえば今までの規則では「犬小屋は犬種に適したサイズ、つまり犬が中で立ったり、横になったり、向きをかえられる大きさにする。さらに入り口は風雨にさらされないように気をつけ、犬が体温を保てるような造りにする」と書かれてあるだけであったが、新しい草案にはサイズの規制もあり私用に犬小屋を建てるとなると、その規制のサイズは、最低幅八十センチ、奥行き百二十センチ、高さ八十センチとなり、かなり立派なものを要求できることになる。次に、犬の檻なる囲いの場合であるが、その敷地にも規定があり、「十五キロの犬には四平方メートル、四十五キロの犬には十平方メートルの規制、二匹を一緒に檻に入れる場合は、二匹目が三十キロまでの場合は、さらに三平方メートル、三十キロ以上の場合は六平方メートル増す必要がある」となっている。そして「檻で飼う場合は一日合計二時間は檻以外のところに散歩させる必要がある」としている。

「うちの犬は庭や檻の中で走り回って運動量は充分足りているから、わざわざ散歩に連れていく必要はない」

と考える飼い主がいるかもしれないが、犬の散歩は運動だけが目的ではない。嗅覚をはじめ、視覚、聴覚、触覚すべての感覚を外出することによって刺激する必要があるためで、そういう機会のない犬は、とかく攻撃的になるといわれる。しかし、この二時間という単位については、「ペキニーズの場合は、一度に二時間続けて散歩させることは身体にこたえるであろうし、シベリアン・ハスキーなどは日に二時間では足りないであろう」と追記されている。また鎖につながれる犬に関しては、「その鎖は六メートル以上の長さを必要とし、四方に動き回れるように鎖をつけること、そして両側に二・五メートルの行動範囲を設けること」などが規制されている。そして鎖の質についても細かい規則がある。さらに、「鎖につないでおく時間は日に十四時間を限度とし、病気の犬、妊娠中の犬、授乳期の母犬、生後一年に満たない幼犬などは鎖につなげておいてはいけない」としている。飼い犬を一日中、庭で短い鎖や紐につなげておくというのは、よその国ではざらに見られる光景であるが、ドイツでは、そういうことをするとすでに動物愛護協会の人に訴えられ、「動物虐待」の罪を問われ、百マルク以上の罰金を払わされる。

また明るさについても言及し、屋内で犬を飼う場合には、「照度は日中は最低五十ルクス」という規則まである。

餌の規則も？

とくに反響を呼んだ項目が、餌に関する規則である。「犬には常時充分な飲み水を与えてやり、成犬は最低一日一回、犬という種に適した餌を充分にやる必要がある。ただし週に一回断食の日を設けてもよい。仔犬は日に数回に分けて餌を与えるべし。若犬に断食をさせてはいけない」と書かれてある。

「ミュンヘン生まれのベロはビールとレバーケーゼが大好物だが、これをやると罰金を取られそうな物騒な世の中になった」

と彼のヘルヘンが笑っていた。また、太り気味でダイエット中のダックスフントのフィフィーが、法律を盾に取って飼い主を訴えるという風刺画も出てきた。犬は雑食動物であるから、人間の食べるものならば何でも食べさせてよいはずだという意見も多く、それどころか、ドッグ・フードは無味乾燥なファースト・フードだとして、たまには拒否する権利を犬にも保証すべきだという投書まであった。私たちの気持を理解している人たちがたくさんいることがわかってその点は頼もしい。

これは犬の飼い方に関する法例の草案であるが、動物愛護協会や関係各庁にも内容の検討を要請しているとのことで、最終決定に至るまで、まだ時間がかかりそうである。私も興味を持って結果を見守っている。人間との生活が密接になればなる程、私たちは法律とのかかわりが深くなってくるから、私たちの置かれている法的地位についてもしっかりと勉強しておく必要がある。

犬税

ドイツの民法では、犬は「人身」扱いではなく「物件」扱いとなる。私は甚だ不満である。そもそも私たち犬は税金を収める義務のある唯一の動物であるだけでなく、外出する時は、必ず身分証明書なる登録番号をつけた首輪をすることを義務づけられている。このような法的義務があるなら、せめて「人身」に準じる扱いをうけたいものである。

私の住むオットーブルンは人口約二万人の町で、飼い犬は約六百五十四匹だそうだ。税金の額は市町村によって異なり、オットーブルンでは九一年以来、一年につき一匹七十マルク（約五千二百円）、二匹の場合は百十マルク（約八千円）、三匹以上は百五十マルク（約一万一千円）と、次第に高くなるが、それでも国内の標準をかなり下回る。ミュンヘン市内では九一年に大幅な値上げをし、一匹につき六十マルクだったのを一気に百五十マルクに上げ、飼い主の不満をかっている。

市当局では値上げの理由として、毎年ふえる犬の糞の処理をあげているが、あまり税金を高くするとかえって、「税金を払っているのだから、少しくらい汚してもかまわない」というような無責任な飼い主が出てきては逆効果である。

排泄物の始末

犬の排泄物は確かに大きな公害問題になってきており、歩道や子供の遊び場などで、犬の糞の始末を怠った人は、二百マルク（一万四千八百円）から三百マルク（約二万二千円）の罰金も免れない。多くの市町村は、犬の糞の始末用のセットを売る自動販売機を街角に置いてはみたが、あまり効果がみられないそうだ。有料の自動販売機に入れる小銭を持ち合わせて散歩するような人ならば、糞の始末をする紙も持っているわけで、わざわざ自動販売機を利用する人は少ない。

スイスのチューリッヒ市が、それでも比較的成功しているというので、理由を調べてみると、ここでは「ロビドッグ」という犬の糞の始末セットを提供するボックスとそれを捨てるゴミ箱がコンビになって、まず、街のあちこちに点々と設置されており、しかも全部無料だということが成功の秘訣につながっているそうだ。

しかしだいたいの市町村では、糞害の対策としてはいちばん安上がりの方法をとり、公園や緑地に犬の立入りを禁じる立て札をふやしているところが多い。海水浴場もほとんど犬のタブー地域になってしまった。しかし、ジルトという昔からドイツの高級別荘地として有名な北海の島は、早くからヌーディスト・ビーチを設けた進歩的な島であるが、その隣にはちゃんと犬専用の海水浴場もある。飼い犬を連れて休暇を過ごす伝統のある地域ならではの設備であろう。

＊

糞に対しては、飼い主にかなりきびしい態度でしつけを要求するドイツ人だが、犬の放尿には割に寛容である。これは、犬のにおいづけが仲間同士の大切なコミュニケーションの手段となっていることに理解を示したものであろう。犬の祖先の狼は自分たちの縄張りを尿や糞でマークする。とくに雄犬が散歩の途中、片足を上げてこまめにめぼしい場所に尿をふりかける行動は、その習性を引き継いだものである。用を足した後さらに後ろ足で地面を掻きけずる犬がいるが、狼もこうやってマークしたところを仲間の嗅覚だけでなく視覚にも訴えている。

衛生上、犬のにおいづけを全面的に禁止すべきであるという意見の持ち主もいるが、よその家の玄関先とか幼稚園の垣根など、いくつかタブー地域を設けてしつけを徹底させることには異論はないが、外出先どこにも放尿してはいけないというのは、余りにも犬の本質を無視したものである。雄雌に関係なく私たち犬同士は、たとえ会う時間がずれて直接おしゃべりできなくても、においを残すことによって互いにコンタクトを維持しているのである。

ノイビーベルクの犬の
糞の始末セット販売機

犬の排泄禁止の立て札

「バルーの奴、今朝はとくに威勢よく足を高くあげたな」、「ヴルシュテルはちょっとお腹をこわしたみたいだな」、「ベリーは今日はマックスよりも早く散歩に来てるぞ」、「オヤッ!? これは今まで嗅いだことがないにおいだが、最近近所に引っ越してきたあのシュナウツァーに違いない」、「ロニーはやっと旅行から帰ってきたようだ。お帰りなさいと返事でも残しておこうかな」、「ベシーは今パートナーをさがしている最中だな」、「おやおやブルリは年がいもなく、興味ありと応えているわい」等々、においを介して互いに連絡しあっているのである。

これは人がテレビを見たりラジオを聞いたり、新聞や雑誌を読んだり、あるいは手紙を書いたり電話をかけたりするのに匹敵する犬の大切な情報交換なのである。このようにさまざまなにおいを嗅いだり、自分のにおいを残したりしながら、嗅覚や視覚を刺激しあって仲間との社交を楽しんでいるのである。家の真向かいにある自然緑地公園は、トイレに使用してもよい場所が至るところにあるので、それこそ大勢の犬仲間が散歩に利用しており、情報交換の理想的場所となっている。

私はこのような場所に頻繁に連れて行ってもらえるのできわめて恵まれた身分かもしれないが、こうした情報交換が全くできないような隔離させられた犬はたいへん不幸な犬である。排泄行為が犬の社会ではこのうえなく大切であるにもかかわらず、犬はふつう、人間よりもずっと長い間、排泄をこらえることができる我慢強い動物でもある。私も時々、家人の都合で長いこと留守番をさせられることがあるが、大小ともに屋内では昼間は十時間くらい我慢するのは平気だし、夜間は十二時間以上でも外に出してもらえるまで待つことができる。

引き紐の強制は可か否か

ドイツでは、犬の散歩時に引き紐を強制するか否かも、それぞれの市町村で決めることになっている。犬が嫌いだという人も世の中にはいるから、そういう人たちは、犬にわずらわされずに、自由に散歩する権利があると主張して、だんだん引き紐を強制する州や市が多くなってきたのはたいへん残念なことである。幸いオットーブルンは、税金が安いことでも象徴されているように犬にやさしい町なので、今のところ引き紐なしでも散歩できるのはありがたい。

引き紐を強制すると、犬は攻撃的になるからよくないというのは行動学者も口をそろえていっていることである。犬は人を襲ったり、咬む可能性があるからという理由で、すべての犬に紐をつけたり、口輪をはめたりするのは賛成できないことだ。犬でも咬む癖がある犬ならば、口輪を強制することも妥当だし、いうことをきかない犬を紐につないで歩くことも納得が行く。

しかしオットーブルンに住んでいる私の友達はみな、紐なしで自由に走り回っている犬ばかりである。というよりも、紐なしで散歩しているからこそ、仲よくなれるのである。

＊

ただし、犬の飼い主は、損害賠償保険をかけるようにすすめられている。たとえ悪気がなくても、人にとびついて洋服を汚してしまったり、追いかけてズボンを引っ張って破ってしまったり、道路にとび出して自動車事故を引き起こしたり、あるいは、人や犬を咬んだり、傷つけたり、犬が原因となる物的、人的被害も少なくない。何かと訴えられるお国柄のドイツのこと、それにそなえて、うちでも年に百三十マルク（九千五百円）ばかり払ってペット損害賠償保険に入っているが、私はまだ保険の世話になるような事故をおこしたことはない。

十分以上の無駄吠えは罰に

犬の無駄吠えもよく裁判沙汰になる。ドイツでは夜間、日曜、祭日などは一般に静粛厳守という習慣が徹底していて、静粛の時間帯には、個人の庭でも近所迷惑になる音のうるさい芝刈り機を使うことは禁じられており、またマンションなどでは上から下まで響き渡るような電動ドリルを使ったり、釘を打ったりすることも許されない。この頃流行の分別式のゴミ入れに缶やビンを投げ込むことも、この時間帯は禁止されているくらいだ。だから犬もこの静粛時間帯に合わせておとなしくしなければいけない。

実際にハムの上級地方裁判所の判決によると、月曜日から金曜日までは、十九時から八時の間、土曜日、日曜日、祝日などは九時まで、私たちは、続けざまに十分以上吠えてはならず、また吠え声を加算して一日で三十分以上になってもいけない。これはもちろん人に迷惑をかける吠え声のことであるが、その声の大きさについてももちろんすでに判決が出ている。捨て犬や野良猫を保護する動物保護施設のそばの住民が犬の無駄吠えの公害を訴えたケースに対して、ニュルンベルクの上級地方裁判所は、「住宅街では、犬は夜間は四十デシベルまで、日中は五十五デシベルまで吠えてもよい」という判決を出した。

ここの動物保護施設では、夜間の吠え声が四十六デシベルを記録したので、犬たちは夜間はもう少し静かに吠えろと禁戒を言い渡されたそうだ。それでは、これらに違反した場合はどうなるかというと、オルデンブルクの裁判で、犬の飼い主は五百マルク（約三万七千円）の罰金刑を課せられたというから、飼い犬、飼い主とも、油断していられない。五百マルクといえば、ドッグ・フード五ヵ月分にも当たるから、私も訴えられないように気をつけなければと思った。

私は隣の家の鎧戸があくたびにけたたましく吠える癖がある。これは鎧戸なるものを知らなかった仔犬の頃、その戸の音に驚いて吠え、鎧戸の音が聞こえない家人は、どうして私が吠えるのだろうと、吠えるたびに、その原因をつかもうと外にとび出してきたので、私はますます得意になって吠え続けた。ただの鎧戸で吠えているのだと気がついた時はすでに遅く、この悪癖がついてしまった後で、もう直すことはできない。ただし、けっこう派手に吠えたつもりでも、せいぜい三分くらいだそうである。だから、法律で定める「続けざまに十分」吠えるには、犬もかなりの体力が必要である。

また私は、家人の留守中、電話が鳴り続けると、それにつられて、狼のように遠吠えをする癖がある。これは、いかにも哀れな声なので、怒りを買うどころか、とくにオーミの住居を訪れる看護婦さんたちの同情を買っている。

闘犬のこと

最近ドイツではとくに闘犬の問題が大きく取り上げられている。闘犬としてはピット・ブルテリアが有名だが、マスチノ・ネオポレタノ、フィラ・ブラシレイロ、マスティフ、アメリカン・スタッフォードシャイアー・テリア、土佐犬、バンドッグなど、攻撃性の強い犬をさす。「闘犬が三歳の幼児を咬み殺した!」、「未成年が闘犬をあおりたてて通行人に大怪我をさせた!」、「ピット・ブルテリアがプードルを殺した!」などというニュースが目立ってきた九〇年頃から、各州政府や市町村は、闘犬の取締りを強化し、繁殖を禁止したり、闘犬の飼い主は武器携帯許可証に準ずる特別の免許証をとることを義務づけたりした。また地域によっては、千二百マルクと高い税金を課したり、引き紐や口輪を強制したりして、次々に対策を実施してきている。

闘犬とは、他犬や人を攻撃するように仕込んだり、そういう攻撃性の強い犬同士を交配させたりして人為的に作り上げた犬である。人を咬むように教えられた犬が人を咬むのは当然で、私たち犬には全く罪はない! 闘犬といわれない犬でも、飼い主が犬にそう教えれば、犬はその通りに忠実に人を殺したりできる動物である。飼い主はいつもそれを念頭においておく必要がある。それにしても、事故がおきるたびに非難されるのも、挙げ句の果てには処刑されるのも、私たち犬であるのは納得しかねる。

＊

犬が原因の自動車事故も裁判所を賑わす。最近犬が車を運転して事故をおこしたという記事が出ていた。オヤオヤと思ってよく読むと、これは、助手席に座っていた犬がギアを動かしてしまったため、車がひとりでに動き出して事故を起こしたもので、ニュルンベルクの上級地方裁判所は、「犬を助手席に座らせる事は重過失である」という判決を下した。それ以来、私は助手席に乗せてもらえなくなってしまった。私は判決もともかく、ひとりでに動いてしまった車に乗っていた犬君は、さぞかしびっくりしたことだろうと、その方が気になった。しかし裁判所はいつも私たちに不利な判決を言い渡しているわけでもない。ある時、道路に飛び出した犬の命を助けようと急ブレーキをかけたために追突事故をおこしたケースについて、裁判では、「動物の命は神聖」であるから、急ブレーキをかけた人を正当な判断をしたものと認めている。

動物愛護

最近は、動物愛護運動が活発になってきた。今回の犬の法例の草案もこういう運動を背景につくられたものである。これは私たちのロビー（支援団体）がふえるということで、歓迎すべきことである。しかし、まだまだ一般の人のペットに対する考え方は甘い。クリスマス・プレゼントとして仔犬を贈ったり、復活祭にチョコレートのウサギの代わりに本物の生きたウサギを子供にプレゼントしたりして、せっかく喜ばせようと思ったにもかかわらず、もらった人のマンションでは犬を飼ってはいけない規則になっていたり、家族に動物の毛に対するアレルギーの人がいたりで、かえって迷惑をこうむり、結局動物保護施設に送られるという結末に終わるケースが毎年のように新聞に載っている。

ペットは世話をすることになる人とよくよく話し合ったうえで飼うべきで、ペット・ショップをのぞいた時のほんのちょっとした出来心で買ったり、子供にせがまれて負けて飼ったりするものではない。また、夏の休暇シーズンになると、一緒に旅行に連れて行くことができない飼い犬や飼い猫を捨てて行く家族もたくさんあり、動物保護施設が満員になるのもこの時期だそうである。

ローカル新聞には、「この犬に温かい手を！」と写真つきで、動物保護施設に保護されている、かわいそうな犬の里親さがしが毎週掲載され、それでうまく解決するケースもあるが、一度飼い主に見捨てられた犬は、その精神的ショックを背負って、一生人間を疑いながら生きて行かなければならないそうである。犬の私たちは、傷つきやすい繊細な動物である。家族の一員として少なくとも十五年はともに生活するつもりで責任を持って飼ってほしい。

第二十二章　大手術を終えて思うこと

突き刺さった棒切れ

ヘルヘンは学会で日本に出張しており、クラウディアはボーイフレンドとスペインに出かけて留守だった。私はフラウヘンといつもの散歩の途中、野原に来ると遊んでくれとせがんだ。その日はテニスボールを持ち合わせていなかったので、

「じゃ、棒切れを拾っておいで！」

といわれた。棒切れを探すのも面白い。私は原っぱをあちこち探して、小さな小枝をくわえて持っていくと、

「こんなの小ちゃくてダメよ。もっと大きいのを探してらっしゃい！」

という。遊んでもらいたい一心で、熱心に探した。この原っぱは、近所の犬の仲間も遊びにくるので、バルーのくわえた棒やら、ロニーの歯の跡が残っている棒切れなどがよく落ちているのだが、その日はなかなかよさそうなのが見つからなかった。やっと少し太めの腐りかけの棒切れをくわえて行き、フラウヘンに見せた。

「強く咬んだら壊れそうな棒ね。まあ、いいでしょう」

彼女はちょっと躊躇しながら、それを手に取ってグルグル腕を回して投げた。大きい割には、中が空洞のため軽いのか、落ちてくる速度も遅く、空中で取っても取れそうに見えた。そこで、一度空から落ちてくるのを目がけて、首を伸ばしてキャッチしようと試みた。その途端、何かが喉の奥に突き刺さった感じがして、思わずキャンキャンとなきわめき、つかえたものを吐き出そうとしたのだが、すぐにはうまく吐けず、もがいてやっと棒切れを吐き出した。フラウヘンがとんできて身体をさすってくれたが、私は口角に泡と唾を吹き出して、その場にうずくまってしまった。こんなに痛い目に会ったことは生まれて初めてだった。棒が垂直に空中から落ちてきて、それがいきなり咽喉にグサリと突き刺さってしまったようだった。

「かわいそうに。痛かったでしょ。腐りかけの棒だったし、フラウヘンが注意すべきだったのよね。ごめんなさい。ボニーちゃん」

彼女はやさしく撫でながら一生懸命に慰めてくれた。ふつうならば同情されると顔をすり寄せて、いかにも哀れな身を演ずるのだが、とてもそんな余裕はなく、頭をたれて泡を出すばかりだった。

「歩けるかしら？　すぐに家に戻った方がいいけど……ボニー。さあ、行きましょう」

フラウヘンがそううながすので、私は痛いのを我慢して立ち上がり、のそのそと後に従った。公園の出口で仲よしのベシーに会ったが、私は頭を垂れたまま挨拶もせずに通り過ぎた。ベシーも私の様子が少し違っているのに感づいたのか、いつものように押しつけがましく寄ってこなかったのは幸いだった。家に着くと私は玄関に崩れるように横になった。よだれを垂らしたことのない私だが口の周りは唾液の泡ですっかり汚れてしまった。フラウヘンは濡れタオルでていねいにそれを拭き取ると、台所から水飲み器を持ってきてくれたのだが、私は喉がヒリヒリ痛むので、唾を飲み込むことさえ大儀で、何も喉を通したくなかった。

救急医

私のただならぬ様子に心配したフラウヘンは、すぐに私を車に乗せて救急医のところに連れて行った。

「棒投げをして遊んでいたのですが、その棒を空中で取ろうとした途端、その破片が喉に突き刺さったらしいのです」

診察室に呼ばれると、フラウヘンは獣医にそう説明した。

「よくあることです。その後、唾を大量に出しましたか。咳をしますか。後ろ足で喉をさかんに引っ掻くような様子をしますか？」

「よだれを垂らしたことのない犬ですが、泡状の唾液をいっぱい出しました。咳はしませんし、喉元を掻くようなこともありません」

「左側に回って犬を押さえていてください」

彼はそういうと、威厳のあるやさしさで近づいてきて、私を一瞬見据えると、口を両手でこじ開けて両端の歯ぐきを念入りに調べた。私はたいへん不快な気持ちだったが、何となく抵抗できない底力がこもっていたのでおとなしくしていた。すると今度は彼の手が喉の奥まで入ってきたので、私はその痛さと気持ち悪さに思わず後ずさりし、口を閉じようとした。

「異物が刺さっている様子はないようですが、これより奥を見ることはできません。喉の奥の状態を見るには、犬に麻酔をかけて見るしかありません。そうしないと犬は当然のことととして咬みますからね。きっと喉の奥に怪我をしたのだと思います。抗生物質の注射だけはしておきましょう。多分それで治ると思います。もし容態が悪化したらまた連れていらっしゃい」

彼はそういうと注射器に液体を入れはじめた。この動作がはじまると、まもなく私の横腹のあたりにチクリと来る。私はガタガタと震えながら、フラウヘンの陰に身をひそめた。

自分の体は自分で守る

「獣医さんに診てもらったからもう大丈夫よ。すぐ喉も治るから安心しましょう」

フラウヘンは、行きの緊張に比べると、帰りはかなり落ち着いた様子だった。そして家につくと、私は、一番涼しいタイル張りの玄関に横たわった。時々フラウヘンが撫でにきてくれても、いつものようにその手をなめ返すこともせず、もちろんしっぽも身体に巻きつけたまま、身動き一つしなかった。そんなふうにしてその日は過ぎた。

「何も食べなくても、犬は数日は大丈夫だけど、水分だけは取らなくてはね」

フラウヘンは何とかして私に水を飲ませようと努めたが、私は頑として断っていた。

「ボニー、おいで」

とフラウヘンがいえば痛む身体を無理に起こして、彼女のもとにノソノソと歩いて行った従順な私だが、水を飲めといわれても、傷を治すのが先決で、彼女に素直には従わなかった。犬自身の判断のほうが正しいとわかっている場合は、自分の意思を貫くものである。

盲導犬の訓練には、「服従訓練」の他に「不服従の訓練」というのがある。例えば目の不自由な主人が「行け！」と命令を下しても、犬のほうで危険だと思うと、故意にその命令に反抗するという訓練である。これは犬が先天的に知的な判断を下す能力があるからこそ成り立つ訓練である。

ただし私は盲導犬ほど自分の判断力に自信がないから、フラウヘンの熱心さについ負けてしまうだらしのないところがある。というのは、翌日の夕方になっても一向に水を飲まない私のことを本格的に心配し出したフラウヘンは、どうやって水分をとらせたものかと思案したらしい。そして台所に入って、コトコトやりはじめ、肉と野菜をグツグツ煮てスープをつくると、玄関に運んできた。

「とっておきのステーキの肉で取った最高のコンソメよ！」

といって、わざと私の真似をして舌なめずりしながら、玄関先に横たわっている私の鼻先に持ってきたのだ！

さすがにその肉汁の香りにごまかされた食いしん坊の私は、喉の痛みも一瞬忘れて、ついペロペロとやってしまった。しかし咽喉を通す時はひどくしみて、そのおいしそうなコンソメも、ほんのおしるし程度なめただけでおしまいにした。それでも、水に対しては完全に拒否反応を示した私が、スープは少しばかりなめたと、フラウヘンは大成功だといわんばかりに、それからの私をコンソメ攻めにして、至極迷惑だった。

＊

それでもジーッと静かにして身体を休め、フラウヘンの運ぶスープも遠慮していたおかげで喉の傷も順調に治り、月曜日の昼頃になると、さすがに空腹を感じてきたので、フラウヘンが台所に入ったところを見届けて、ノソノソとついて行った。

「まあボニー、少し元気になったの？　きのうはおいしそうな肉を焼いていても全然入ってこなかったのに」

フラウヘンは大喜びで、さっそく昨夜のコンソメの残りを温めると、卵の黄身を落としてくれた。私はそれをペロペロと三分の二ほどたいらげたので彼女はもう有頂天になった。それからはだんだん元気になってくるのが自分でもわかった。フラウヘンに話しかけられると、ダラリとさがっていたしっぽの先の方を少し振るようになったし、人が来た気配がすると耳をピクリと動かして反応を示すようにもなった。

また食欲は何といっても健康のバロメーターで、流動食ならば日に数回に分けて少しずつ食べられるようになった。快方に向いだすと早いもので、それから数日もすると、ただの水道の水もピチャピチャと音をたてておいしく飲み、ここのところ残してばかりいたドッグ・フードも、全部たいらげるようにもなり、食器の底が再びピカピカに輝き出した。そして八月終わりにヘルヘン、続いてクラウディアが帰ってきた頃には、もうすっかり元気を取り戻し、ワンワン吠えたて、ピョンピョン跳ね上がり、ちょっと前まで病気だったとは想像もできない、いつもの元気な私に戻っていた。

＊

大きな木の棒をせっせと運んできたり、それをかじったりすることは、私の大好きな独り遊びだったので、その後も時々やっていたが、さすがに棒を空中で一気にとることはしなくなった。また、しばらくは怪我をした野原で遊ぶことさえ躊躇した。棒切れが原因だということは知っていたが、この野原も何となく危ないように思えた。近所の元気のよい若犬のベンゲルがある道で車に危うくひかれそうになったことがあり、彼のヘルヘンは、

「これを機会に、車に気をつけるようになってくれればちょうどいい」

と期待していたのだが、ベンゲルは、車には依然として何の恐怖心も抱かないが、散歩の途中で、事故を起こした道に来ると、そこを通るのをいやがるという。事故はこの道が引き起こしたものだと考えているからだ。私も、うちの二階の階段から落ちたり、雀蜂《スズメバチ》にさされたりという小さな事故は今までもあったが、獣医にかかるほどの怪我や病気になったことはないので、今回のような痛い目にあったこの野原での出来事は長い間忘れられなかった。

喉に腫瘍？

それから一年あまりが過ぎた。ある日クラウディアが私を撫でてくれた時に、喉が異様に腫れていることを発見した。私が痛いとも痒いともいわないし、ふさふさとした毛で覆われていたために、見逃していた兆候であった。やがてそこが化膿しはじめ、傷口から血と膿が出はじめた。近くの獣医のところに行くと、原因はわからないが腫瘍のようなものができているから、さしあたり抗生物質を投与して様子をみようということになり、手当てを続けた。

抗生物質のほうは大好きなレバー・ペーストにくるんで、うまくだまされて呑み込んだが、外傷の方は消毒剤をつけるとヒリヒリ痛むので、私はその小ビンを見ると逃げ出した。それでも家人にやさしく呼ばれると、ひっくり返ってお腹を見せ、

「その薬だけは勘弁して下さい。このとおりです！」

と嘆願した。この姿勢を取ればかえって咽喉の手当てがしやすいのであるが、

「絶対服従の姿勢をとっている犬を痛い目に合わせたら、信頼関係にヒビが入る！」

とみなは困ってしまった。再び四本足できちんと立たせては、何かと慰めたり、チーズやハムの褒美を約束したりして、咽喉の治療にあたった。それでも傷口の絆創膏を取る時は、私は必ず鼻をつきつけて、それを欲しがった。ダニでも目やにでも、とにかく私の身体から抜き取られたものに対して、いつもその権利を主張する私に家人は大笑いした。

一ヵ月以上手当てを続けたにもかかわらず、咽喉の腫瘍のほうは一向に治る様子もなく、しかも原因不明のままであった。これは手術して中を開けてみるより他に方法がない。そうすれば腫瘍のサンプルを国立病院の検査室に送って、悪性か良性かも判別してもらえるという結論に至った。もしかして癌かも知れないといわれ、家族はたいへん心配した。

摘出手術

一九九五年の一月、獣医のところで手術を受けた。

「癌でありませんように」

と家族が祈る中、午後手術を終えた獣医から電話があり、

「これは癌ではなく、何か外部から異物が入り込んで、それが化膿したように見受けられます。ただし、その異物が入り込んでいるところが、消化管や気道、それに種々の神経が交差している場所で、開業医の手術室ではこのような局部の手術はできないので、ひとまず手術を中止して傷口を塞いでおきました。このような難しい手術ができるのは、ちょっと遠いですが、ノイファルン（オットーブルンの北方三十キロ）の獣医クリニックしかありません。よろしかったら、今日早速診断書をそちらにファックスで送っておきますが」

という意外な返事を受けた。そこでフラウヘンはハッと気がついた。そういえば一年半前、棒が咽喉につきささったことがある。その時は救急医で手当てをしてもらい、喉の痛みも抗生物質で順調に治り、誰が見ても、また自分自身でも、全治したと思い込んでいた

のである。

「きっとあの時の棒の切れ端が喉に残っていて、内部から化膿してきたに違いない！」

とフラウヘンは思い当たった。彼女は三週間後に、日本に行く予定が入っていたので、それではすぐに、その専門のクリニックで手術してもらおうという段取りになり、凍結したアウトバーンを運転する危険を犯して、さっそくノイファルンのクリニックに私を連れていった。さすがに心配してクラウディアも付き添ってきた。

＊

診察室に入り、大柄な獣医が二人寄ってくると、麻酔の量を決定するために私を体重計にのせようとした。化膿してきた部分に首輪がすれるとよくないため、私は首輪もしていなかったし、引き紐も使っていなかった。いやならいくらでも逃げ出せたのだが、フラウヘンとの間は目にみえない紐でつながれていた私は、ブルブル震えながらも四本足を踏ん張って彼女の側にへばりつき、見るからにいかめしいその金属製の体重計にのることを拒絶した。すると、フラウヘンとクラウディアはかがみ込んで、やさしく撫で、どうしてもここにのらなくてはいけないのだと私を説得した。信頼する二人がそういうならば仕方がないと覚悟した私は、しっぽを丸めて、頭をたれてノソノソと体重計にのった。幸い痛くも痒くもなかった。その後、堅い手術台にのる時も、横腹にそっと触れたフラウヘンの手の温かい感触に安心した私は、抵抗することもなくそこに横になった。日常ふれる無数のにおいの中で、私が一番嫌悪する獣医の診察室独特の悪臭が漂う手術室で、これまた見知らぬ、マスクをした医師の冷たい手に私の全身をゆだねるのは、それこそたいへんな勇気のいることであった。

「どうして私をこんな目にあわせるの?」

と、少し首をもたげて、濁った目でフラウヘンをみつめると、彼女の目が一瞬うるんだ。その後麻酔がきくまで、フラウヘンとクラウディアは、そこに立って私の身体を撫でてくれていたので、私はやがて安らかに深い眠りにおちた。

退院、そして回復

午後、次第に目が覚めて、視覚と嗅覚がはっきりしてきたのでまわりを見回すと、ほかにも犬や猫やウサギなどがそれぞれの檻に入れられている。「どうしてまた私はこんなところに来ているのかしら」と思い出そうとしていると、聞き慣れた声がするので、耳をそばだてた。白衣の獣医に連れられて、フラウヘンとクラウディアが入ってきた。

私は開けてくれた檻からとび出ると、もう夢中で二人にからみつき、痛む喉からヒーヒーと声を絞り出してないて甘えた。クラウディアが鼻をつまらせた。私はグルグル這い回るように、二人にまつわりつきながら、直感的に知っているクリニックの出口の方に急いだ。「早く早く!　一刻も早くここを出よう!」私は二人にそううながした。それを見て獣医が微笑みながら、

「大手術でしたが無事にすみました。予想通りこのような木片が出てきましたよ」

とフラウヘンの指の爪くらいの大きさの破片を見せてくれた。こんなものを後生大事に一年半も喉にしまっておいたわけである。

「このような咽喉の局部の手術は、かなり危険な手術ですが、うまくいきました。全部きれいに取り除きましたからもう膿むこともないでしょう。もしかして、声帯の一部が傷ついたかも知れないので、声がもとのように出るかどうかは保証できませんが、それでも、この手術をほどこす以外の方法はなかったと思います。今は飼い主に再会して興奮しているので元気そうに見えますが、家に着くと安心して一度に疲れが出てぐったりすると思います。でもそれは正常な反応ですから心配無用です。手術の後はいつも飼い主から、『あんなに元気にはしゃいでいたのに家に着いた途端ぐったりと死んだように眠っているが大丈夫ですか』という電話がかかってきます」

と、説明があった。その言葉の通り、私は家に着いた後はただただ眠りこけた。それでも翌日、散歩というとすぐに起きて喜んで出かけた。喉の部分の毛を剃られたので、ちょうど毛をむしられた鳥肌のようで、いかにも惨めに見えたので、散歩に出るたびに近所の犬の飼い主が真っ先に同情した。続けて二回も手術をした傷跡は、とくに痛々しく見えたようだ。控えめに首を伸ばす私を、みなもいつになくそっと撫でて慰めてくれた。

その後の経過は順調だったので、抜糸の方はもとの開業医でやってもらうことになった。もう心配ないところまできたので、フラウヘンはやっと安心して日本に飛んだ。

＊

大手術の後はすっかり回復し、乗馬のお供をして走れるくらい元気になった。アニタと馬とノイオルトホーヘンにて

その後、私はメキメキと回復し、剃られた喉のあたりには、前と同じようにふさふさとした散毛が生えてきて、手術の跡も間もなくわからなくなった。今まで出したこともないようなしゃがれ声を絞り出していたので、もしかして声帯がやられたのではないかと半分諦めていたのだが、それも日がたつにつれて治り、やがてもと通りの低音で響きのきいたアルトで吠えることができるようになった。

それどころか、手術後は若返ったような気さえする。ちょうどフラウヘンが日本に行って留守のこともあり、いつになくヘルヘンがよく私の散歩に付き合ってくれたのだが、「ボニーは手術をして本当によかった。ここ一年くらい、急におとなしくなって、遊んでくれともいわなくなったので、年を取ったせいだと思っていたけど、あれは、喉の病気を抱えていたためだったらしい。手術の後は、また仔犬に戻ったみたいに元気になったよ。毎日遊んでくれとせがまれて大変だ」

と日本にいるフラウヘンにファックスや電話で報告していた。

＊

確かに、ここ一年あまり、何となく体力の方も落ちてきたように思えるし、動作も緩慢になってきたと自分でも感じていた。それに、いくら食べても太らなかったのも不思議だった。それと前後して、健康診断の際に、

「軽い心臓弁膜症がみられます。治療するほどでもありませんが、はげしい運動は控えるように」

と診断されたこともあり、私の健康にすっかり自信をなくした家族は、

「年をとると心臓弁膜症になる犬も多いそうだ。ボニーももう年だから、あまり無理をさせないように運動もそこそこにした方がいいかもしれない」

といい、フラウヘンは「老犬の飼い方」の本まで買ってきたので、私は「何をまた失礼な……」と内心不満に思っていたのだが、家人は私をすっかり老犬扱いにした。

＊

しかし、手術後の私は、体重もみるみるうちにふえ、毛のつやもよくなり、心臓弁膜症も誤診ではなかったかと思わせるほど、元気に走り回れるようになった。山や湖にハイキングに出かけたり、クラウディアの友達のアニタの乗馬のお供をして走ったりしてもケロリとして、少しも疲れをみせないほどの元気さを取り戻した。

獣医にもいわれたそうだが、

「犬の老化現象は飼い主が気がつかないほど、ゆっくりと訪れる。目に見えておとなしくなったという場合には、それを年を取ったせいにして、本当の原因を見過ごす危険性がおおいにある」

と、飼い主の注意をうながしている。

私も、もう十歳になった。ふつう素人がいう「犬の年は人間の年の七倍」という単純計算法によれば、人間の七十歳に相当する。幸いにも専門家の間では、これは適当な計算法ではないといわれているから、私も安心していられるが、家族の中ではいつもいちばん若いつもりでいる。

犬は健康でありさえすれば、少なくとも精神年齢は一生子供の域から出ることがない。専門語で「ネオテニー」と呼ばれるこの幼態性こそ、狼と犬の大きな相違であり、犬が人間に可愛がられるゆえんである。もし無邪気な犬が急に年寄りのような落ち着きでも見せたら、身体の具合が悪い警告信号とみてほしい。

家族を愛し、家族に愛されて

しかし何といっても、この怪我や手術の経験を通して、家族をいちばん感動させたことは、私が彼らに示した絶対的な信頼である。いやなことも、痛いことも、怖いことも、私の信頼している人がいうことならば、それに従おうとするいじらしい性質は、みなをして涙ぐませた。これは丸十年という年月を共に過ごした家族と私との間に育まれた特別の絆ならではのことである。私たちは、質のよいワインのように、年を取れば取るだけ味が出てくるといわれる。

仔犬は何をしても可愛いので、誰にでも愛される自然の産物である。しかしやがて、それぞれの気性が顕著に出てくるだけでなく、育つ国の文化プラス飼い主との生活から多くのことを身につけ、それぞれ個性の豊かな成犬に成長する。成犬は一匹として同じ犬はいない。純粋犬で瓜二つに見えて、飼い主さえ間違えるような犬でも、それぞれの個性はまちがいなく芽生えてくる。そこが、私たち犬の面白さであり、味わいの深さでもある。

私のことを、人は「ただの犬」だと思うかもしれないが、ドイツの文化をはじめ私の家族独特の生活様式や考え方に影響されながら育ってきた私は、「ドイツの子」であるとともに、「グレーフェ家の末っ子」として、この世に二匹といないユニークな存在である。人も犬も完璧なものはいない。しかし犬にとって飼い主が絶対的存在であるように、飼い主も、自分のところの飼い犬こそ世界でいちばんだと思い込むようにもなるものである。

＊

世の中には、猟犬、牧羊犬、そり犬のように特種な技能を持って、それぞれの飼い主のパートナーとなって働いている犬、あるいは、盲導犬や介助犬のように厳しい訓練を受けて、障害者の役に立っている犬、さらに救助犬、警察犬、麻薬探知犬等、社会に役だっている本当に感心する優秀な犬もたくさんいる。また普通の飼い犬も、家の番をしたり、家族を守ったりする以外に、ペットとして、あるいは、この頃の流行語でいうならば「コンパニオン・アニマル」として、最近とくに高く評価されるようになってきた。このように、一方的に人間に仕えてきたように思われる私たちであるが、実は、人に嫌われた狼から、人に愛される犬に様変わりしたからこそ、世界中に子孫を残すことができたのである。つまり狼は、その豊かな適応性と知恵を生かして犬に進化することにより、種の繁栄に寄与してきたといえる。自然の相互関係はまことにうまく成り立っている。

＊

そして私たちは、人間に飼われた動物のうちでいちばん長い歴史を持つことからもわかるように、文化と自然の両面を半々に持つ生き物であり、自然界と人間社会の重要な橋渡しの役を演じている。犬とかかわりを持った人たちの多くは、いつのまにか自然界の他の動物たちに対しても、深い理解を持つようになる。自然を観察する面白さを再発見し、動物それぞれの立場にたって考えてやることの大切さを知る。もしこの世界が人間だけで構成されていたとしたら、何と無味乾燥なものになったであろう。動物や植物があってこそ、またそういう環境を大切にしてこそ、人は豊かな人生を送ることができるのである。犬の私たちは、このように人間社会に入り込む自然界のメッセンジャーであり、人生にうるおいを与えるタレントたちなのである。

あとがき

言葉を語らない犬の立場や気持をできるだけ理解してやりたいとの思いから、この本を犬の視点で綴ってみました。できるだけボニー自身の気持になって観察したものですが、もし本当にボニーが言葉を話せたら、「私の行動をこんなに誤解して……」というかも知れません。動物行動学では動物、とくに犬を擬人化する人たちに対して警告を与えています。確かに科学的に実証できないことを、人間の考え方や感情を導入して勝手な解釈をするのは危険なことでもありますが、愛犬と共に生活した人なら誰でも、犬が家族の一員になりすまして当たり前にふるまっている姿を見て、ごく自然に「うちの子」と呼んでしまうのもまた事実です。

＊

このように犬がとかく擬人化の対象になるのはそれなりの根拠があります。犬の祖先が野生の狼であろうという説は、生態学、解剖学、また最近ではDNA分析による遺伝学のレベルでもほぼ確認されていますが、確かに狼の生態を知ると、犬のことがよく理解できます。狼は赤ずきんの童話などで代表されるように、一昔前まではあまり評判がよくなかったのですが、豊かな社会性を持った有能な動物として最近にわかに注目を浴びてきました。

狼の社会構造を調べてみますと、その平均的な群れは四匹から八匹で構成され、それぞれが個性を持ったメンバーであり、しかも常にリーダーの雄と、彼にみそめられた雌を含む構成である点などは、人間の家族構成にどことなく似ていることがわかります。これが犬たちが人間の家族の中に自然に入り込める要素となっているのでしょう。

とくに、狼が本能的に持っているリーダーに対する絶対的忠誠心、仲間の間での高度な伝達能力などを知れば、その子孫の犬たちが、ランクが上だと認める人間に対していじらしい愛情と忠誠心を示すこと、そして人間の言葉や行動を理解したり、自分の意思を上手に表現したりして、人間たちとの日常生活をとどこおりなく営む能力があること等もすべて納得がいきます。

さらに、狼の豊かな適応性を受け継いだ犬たちは、世界の暑い国でも寒い国でも、またどんな文化圏でも、それぞれの国の食生活や飼い主の家庭の習慣に驚くほどよく順応して生きています。人間に一番近いといわれる猿よりも犬のほうが、人間のペットとしての役割を着実にこなしているのも、偶然のことではないようです。

＊

また、一万年以上という長い間、人間と共に暮らすことを繰り返してきた犬たちは、人から餌を与えられて育ってきたゆえに、生存競争に必要な大人の狼の持つ攻撃性を失い、狼の仔が持つ従順な性質のまま進化してきたために、成犬になっても幼児のような甘えや素直さを示し、ますます人間に可愛がられる動物になったようです。この「ネオテニー」

と呼ばれる幼態性は、犬に限らず、猫、牛、馬など家畜化された動物と、祖先に当たる野生動物を比較すると、どの家畜にも少なからず見られる現象です。

とくに犬の場合は、容姿を変えることにも成功してきましたから、ペキニーズやチワワなど小型犬の中には、頭でっかちで、おでこが出て、目がクルクルと丸く、まさに童顔を再現しているような犬もたくさんみられますが、これらは、まさに「容態性」を姿で強調した犬種で、人間の育児本能をおおいに刺激して女性の飼い主に人気があるそうです。シェパードの血を引いたボニーなどは犬の中でもどちらかというと大きさも姿も狼に似ている方ですが、クリップをほどこされたプードルなどは、とても狼と親戚関係にあるとは想像できません。同じ種に属する動物で、犬ほどバラエティーに富んでいる動物は他にはいないと思います。わずか数キロのヨークシャー・テリアから百キロあるセント・バーナードまで、みな「犬」なのです。

もちろん自然の進化や突然変異もありますが、さまざまな特長を持った犬を長期にわたって人為的に交配させた結果、このように一見同じ種と思えない犬たちが出現してきたわけです。そして残念ながらその中には必ずしも健全だとは言い難いケースがたくさんあります。これからは、専門的に繁殖に従事するブリーダーの方々ばかりでなく、一般の飼い主のみなさんも、犬の外見ばかりにとらわれず、健全な身体と精神を評価する目を養ってもらいたいと思います。

＊

ところで今回、文庫版の出版に際して、ここ数年のドイツの犬の法的事情について加筆する必要があると思います。

まず、一九九八年に、動物保護法が大幅に改正されました。これは、とくに欧州連合（EU）域内の規制も考慮して改められており「脊椎動物は痛みや苦しみを感じる生き物である」という見解から、牛、馬、犬、猫などを含む家畜を扱う職業の人たちは、関係各庁の許可が必要になりました。それまでの動物保護法では、人は動物を保護する義務があることはうたっていたのですが、改正法では、動物愛護の見地を一歩進め、動物を扱う人たちに、それぞれの種に適した扱い方の知識と能力が要求され、それが全項目にわたって一貫した規則となっているのが目立ちます。

また、最近、反対運動がさかんになってきた動物実験については、七条から九条にわたって特に詳しく記述され、その結果、医薬品のための動物実験は、原則的にはそれに代わる方法が存在しない場合のみ許可され、その可否については、動物愛護協会員を含めた倫理委員会が決定することになっています。そして、タバコ製品、洗剤、化粧品の改良のための動物実験は全面的に禁止されました。ただし、化粧品については、その後、ブリュッセルの欧州連合委員会は、それに代わる方法がまだみつからないとして、二〇〇〇年までこの項目の施行を延期することにしました。動物実験で犠牲になる動物は年々少なくなっているということですが、その統計については、政府筋と動物愛護協会側では、大きな開きがみられます。たとえば、動物愛護協会では、実験動物として飼育されたネズミやモルモットなどの齧歯類《げっし》の動物実験が減少しただけで、その他の犬や猫については、必ずしも減少していないと批判しています。その一方、大学や企業の研究所では、動物愛護団体の特に過激派による反対運動は、基本法で保証する科学、研究、教育の自由を阻害する行為として憲法違反だと批判しています。そのような動きのなかで、動物愛護団体では、動物の保護を実施するためには、動物保護法を基本法に組みいれる必要があるとして、その方向に向けて運動をすすめています。

また欧州連合域内では、動物虐待とも見られる輸送方法が行われている事態に対処して、その環境や条件を改善すべきであるという運動が最近さかんになってきていましたが、一九九七年に、その関連法が成立し、輸送時間は一度に八時間以内とし、それ以上の場合は、いったん二四時間の休憩をすることが決められました。ただし、動物輸送に適した特別運搬車の場合は、牛やブタなど、一四時間目に一度、一時間の休憩をとれば、合計二八時間は輸送を続けてもよいとされています。

一九九四年に農林省がまとめた犬の飼い方に関する法令の草案は、一九九七年末に連邦下院に送られる予定でしたが、その基となる動物保護法の改正を優先するため、いったん見合わせることになりました。ただし、改正された動物保護法の第二条で、動物愛護の立場から、連邦下院の承認があれば、関係省に、それぞれの動物の飼育、しつけ、および訓練に関して、関連法規を出す権利を与えていることから、この草案は現在各州で検討されており、いずれ近いうちに、犬の飼い方に関する法令の改正案として農林省から提出されるものと思われます。

また、改正動物保護法第十一条では、子孫に痛みや苦しみを与えるような脊椎動物の繁殖行為を禁じていますし、第十二条では、脊椎動物の品種の特徴を達成するために施される、動物保護に反する行為を全面的に禁じております。あきらかにペットを意識したこれらの条例を用いて、胴長のダックスフントや体型が変形したブルドッグがこれ以上苦しまないように守ろうという運動がありますが、現在は純犬種のブリーダーのロビー（支援団体）もかなり有力で、摘発された犬の例はまだありません。いずれにしても欧州では、犬種のスタンダードの抜本的な見直しがせまられています。

このように、少しずつですが、ドイツおよび欧州連合域内における動物たちは、それぞれに幸せな生活が送れるようにと、法律レベルでも保護されてきました。日本でも、最近「ペット法学会」が発足し、「動物愛護管理法」が公布され、ペットの法的権利にむけての理解が深まってきたようで、嬉しく思います。

＊

我が家のボニーは今年一四歳になり、大型犬としては長生きのほうといえましょう。まだまだ元気です。ただ、老化現象の一つとして、一年くらい前から耳が遠くなりましたが、その分だけ他の感覚が鋭敏になり、日常生活のコミュニケーションには何の支障もありません。遠くから呼ばなくてはならない事情があるときは、いわゆるドッグ・フィッスルという笛を吹くととんできますから、人間には聞こえない高い周波数はまだ聞こえるようです。

とかく動物が苦手だった私も、ボニーのおかげで他の動物にも関心が深まり、しだいに生き物の世界にのめり込み、猫まで一緒に飼うことにしてしまったくらいです。昔から外国を飛び回るのが趣味の私ですが、最近は旅先でも犬や猫ばかり目につくようになったのは不思議です。

動物と接する面白さや、自然を慈しむ心の大切さを、この本を通して、ペットを飼っていない読者ともわかちあえることができたなら、このうえなく幸いだと思います。

＊

最後に、この文庫版の出版をかなえてくださった中公文庫編集部の深田浩之氏に、この場を借りて心からお礼申しあげます。

二〇〇〇年七月

グレーフェ彧子

参考文献（日本語文献は作品五十音順。英独語文献は著者ABC順。太字はタイトル）

犬たちの隠された生活　エリザベス・M・トーマス著　深町眞理子訳　草思社

犬の生態　平岩米吉著　築地書館

犬の用語事典　大野淳一著　誠文堂新光社

犬は子をどのように育てるか　森永良子著　どうぶつ社

イヌはなぜ人間になつくのか　沼田陽一著　PHP研究所

サルからヒトへの進化　河合雅雄著　日本放送出版協会

動物行動学入門　P・J・B・スレーター著　日高敏隆／百瀬浩訳　岩波書店

動物の第六感　モーリス・バートン著　高橋景一訳　法政大学出版局

人が動物たちと話すには？　ヴィッキー・ハーン著　川勝彰子ほか訳　晶文社

＊

Beckmann, Gudrun **Der Große Hundeknigge** Kynos Verlag, Mürlenbach

Brehm, Peter **Dein Hund im Recht** Verlagsgesellschaft Rudolf Müller, Köln

Feddersen-Petersen, Dorit **Hundepsychologie** Franckh'sche Verlagshandlung, Stuttgart

Fox, Michael W. **Behaviour of Wolves, Dogs and Related Canids** Jonathan Cape, London

Gebhardt, Heiko und Haucke, Gerd **Die Sache mit dem Hund**
Rasch und Röhring Verlag, Hamburg

Griffen, Donald Redfield **Wie Tiere denken**
BLV Verlagsgesellschaft, München (Deutsch:E. Walther)

Klever, Ulrich **Knauers Großes Hundebuch** Droemersche Verlagsanstalt, München

Lorenz, Konrad **So Kam der Mensch auf den Hund** Verlag Borotha-Schöler, Wien

Morris, Desmond **Dogwatching** Jonathan Cape, London

Riederle, Georg **Der Blindenführhund** Reha-Verlag, Bonn

Trumler, Eberhard **Mit dem Hund auf Du** R, Piper Verlag, München

Zimen, Erik **Der Hund** Bertelsmann Verlag, München

本書は『犬の権利、人間の義務』（一九九六年十一月、講談社刊）を改題し、加筆・訂正したものです。

中公文庫

ドイツの犬《いぬ》はなぜ幸《しあわ》せか　犬《いぬ》の権利《けんり》、人《ひと》の義務《ぎむ》

定価はカバーに表示してあります。

2000年8月10日印刷
2000年8月25日発行

著　者　グレーフェ彧子《あやこ》

発行者　中村　仁

発行所　中央公論新社　〒104-8320 東京都中央区京橋 2-8-7
TEL 03-3563-1431（販売部）　03-3563-3664（編集部）　振替 00120-5-104508

本文·カバー印刷　三晃印刷　用紙　王子製紙　製本　小泉製本

ISBN4-12-203700-X　C1195　Printed in Japan

中公文庫 既刊より

ノンフィクション II

アジア史概説　宮崎市定
科　挙　宮崎市定
西アジア遊記　宮崎市定
中国に学ぶ　宮崎市定
水滸伝 虚構のなかの史実　宮崎市定
隋の煬帝　宮崎市定
大唐帝国　宮崎市定
雍正帝 中国の独裁君主　宮崎市定
日出づる国と日暮るる処　宮崎市定
九品官人法の研究 科挙前史　宮崎市定
東西交渉史論　宮崎市定 礪波護編
東洋的近世　宮崎市定 礪波護編
東洋的古代　宮崎市定 礪波護編
馮　道 乱世の宰相　礪波　護
唐の行政機構と官僚　礪波　護
隋唐の仏教と国家　礪波　護
陶淵明伝　吉川幸次郎

永楽帝　寺田隆信
安禄山　藤善眞澄
論　語　貝塚茂樹訳注
養生訓　貝原益軒 松田道雄訳
老　子 改版　小川環樹訳注
荘子（内篇・外篇・雑篇）　森三樹三郎訳注
韓非子（上下）　町田三郎訳注
孫　子　町田三郎訳注
万里の長城 中国小史　植村清二
諸葛孔明　植村清二
中国史十話　植村清二
中国文明の歴史2 春秋戦国　責任編集 貝塚茂樹
中国文明の歴史3 秦漢帝国　責任編集 日比野丈夫
中国文明の歴史4 魏晋南北朝　責任編集 森　鹿三
中国文明の歴史5 隋唐世界帝国　責任編集 外山軍治
中国文明の歴史6 宋の新文化　責任編集 佐伯　富
易の世界　加地伸行編
林則徐 清末の官僚とアヘン戦争　堀川哲男

中国の神話　白川　静
中国の古代文学（一）（二）　白川　静
孔子伝　白川　静
中国の知嚢（上下）　村山吉廣
論語名言集　村山吉廣
フビライ汗　勝藤　猛
中国幽鬼の世界 鬼趣談義　澤田瑞穂
中国のグロテスク・リアリズム　井波律子
アヘン戦争と香港　矢野仁一
歴史からの警告　林　健太郎
歴史の暮方　林　達夫
共産主義的人間　林　達夫
桂離宮 様式の背後を探る　和辻哲郎
人生について　小林秀雄
中空構造日本の深層　河合隼雄
私の文章作法　清水幾太郎
雪片曲線論　中沢新一
野ウサギの走り　中沢新一

二〇〇〇年八月

バルセロナ、秘数3　中沢新一
ウィリアム・モリス　小野二郎
若山牧水—流浪する魂の歌　大岡信
牛のあゆみ　奥村土牛
群青の海へ　わが青春譜　平山郁夫
平山郁夫画文集　西から東にかけて　平山郁夫
板極道　棟方志功
神を描いた男・田中一村　小林照幸
青い絵具の匂い　中野淳
フリーダ・カーロ　堀尾真紀子
津軽三味線ひとり旅　高橋竹山
新編 帯をとくフクスケ　荒俣宏
稀書自慢 紙の極楽　荒俣宏
眼、一筋　ある画商の来た道　村越伸
職人　竹田米吉
女たちが変えたピカソ　木島俊介
北欧からの花束—絵本画家のピクチャーエッセイ　武田和子
名曲決定盤（上下）　あらえびす
グスタフ・マーラー—愛と苦悩の回想　A・マーラー　石井宏訳
主題と変奏　吉田秀和

ヨーロッパの響、ヨーロッパの姿　吉田秀和
音楽紀行　吉田秀和
時の流れのなかで　吉田秀和
ダンディズム　生田耕作
パリ時間旅行　鹿島茂
明日は舞踏会　鹿島茂
ヴァーグナー家の人々　清水多吉
チャイコフスキー・コンクール　中村紘子
日本の作家　ドナルド・キーン
日本語の美　ドナルド・キーン
日本人の西洋発見　ドナルド・キーン　芳賀徹訳
音楽の出会いとよろこび　ドナルド・キーン　中矢一義訳
日本の文学　ドナルド・キーン　吉田健一訳
日本との出会い　ドナルド・キーン　篠田一士訳
日本人の美意識　ドナルド・キーン　金関寿夫訳
級友 三島由紀夫　三谷信
胡堂百話　野村胡堂
日常茶飯事　山本夏彦
茶の間の正義　山本夏彦
変痴気論　山本夏彦

毒言独語　山本夏彦
編集兼発行人　山本夏彦
かいつまんで言う　山本夏彦
笑わぬでもなし　山本夏彦
ダメの人　山本夏彦
二流の愉しみ　山本夏彦
人にはどれだけの物が必要か　鈴木孝夫
古本綺譚　出久根達郎
伝説の名横綱 双葉山　小坂秀二
カストリ雑誌研究　山本明
父 逍遙の背中　飯塚クニ　小西聖一編
立原正秋 風姿伝　鈴木佐代子
日本の不思議な宿　巖谷國士
ヨーロッパ 夢の町を歩く　巖谷國士
いま、家庭料理をとりもどすには　丸元淑生
システム自炊法　丸元淑生
池波正太郎が通った味　馬場啓一
料理のお手本　辻嘉一
辻留・料理のコツ　辻嘉一
辻留 ご馳走ばなし　辻嘉一

山菜歳時記　柳原敏雄
料理歳時記　辰巳浜子
洋食や　茂出木心護
食指が動く　邱永漢
食前食後　邱永漢
中国人と日本人　邱永漢
香港・濁水渓　邱永漢
食は広州に在り　改版　邱永漢
お金としあわせの組み合わせ　邱永漢
香港発・娘への手紙　邱永漢
当世畸人伝　白崎秀雄
北大路魯山人（上下）　白崎秀雄
鈍翁・益田孝（上下）　白崎秀雄
魯山人陶説　北大路魯山人　平野雅章編
魯山人味道　改版　北大路魯山人　平野雅章編
魯山人書論　北大路魯山人　平野雅章編
味覚法楽　魚谷常吉　平野雅章編
日本の食文化　平野雅章
辺境の食卓　太田愛人
そば歳時記　新島繁

食味往来　河野友美
食悦奇譚　塚田孝雄
美味の誘惑　福島敦子
味覚の探究　森枝卓士
奇食珍食　小泉武夫
酒肴奇譚　小泉武夫
粗談義　小泉武夫
吟醸酒誕生　篠田次郎
吟醸酒の来た道　篠田次郎
パリからのおいしい話　戸塚真弓
ロマネ・コンティの里から　戸塚真弓
暮らしのアート　戸塚真弓
ぼくのワイン・ストーリー　ベスト・セレクション142種　羽仁進
信州すみずみ紀行　高田宏
食物の生態誌　西丸震哉
山歩き山暮し　西丸震哉
山の博物誌　西丸震哉
山とお化けと自然界　西丸震哉
山小舎を造ろうョ　西丸震哉
西丸式山遊記　西丸震哉

手作りログハウス　木下威
山―随想―　大島亮吉
山と雪の日記　板倉勝宣
渓（たに）　冠松次郎
雪・岩・アルプス　藤木九三
わが山山　深田久彌
雪山・藪山　川崎精雄
山を見る日　川崎精雄
彼方の山へ　谷甲州
穂高を愛して二十年　小山義治
新編　山靴の音　芳野満彦
初登攀行　松本竜雄
垂直に挑む　吉尾弘
マッターホルン北壁　小西政継
グランドジョラス北壁　小西政継
山は晴天　小西政継
凍てる岩肌に魅せられて　小西政継
ヒマラヤに挑戦して　P・バウアー　伊藤愿訳
雪煙をめざして　加藤保男
岩壁よ　おはよう　長谷川恒男

晴耕雨読 ときどきワイン　玉村豊男
有悠無憂　玉村豊男
秘境釣行記　今野　保
アラシ 奥地に生きた犬と人間の物語　今野　保
捕虫網の円光　奥本大三郎
早起きカラスはなぜ三文の得か 都市の野鳥誌　唐沢孝一
都市の鳥類図鑑 街にすむ巧みな戦略家　唐沢孝一
僕は森へ家出します　荒川じんぺい
犬と山暮らし　波多野鷹
トキ物語　春山陽一
30代女たちの日記　泉　麻人
僕がはじめてグループデートをした日　泉　麻人
小さい犬の生活　津田直美
グレイがまってるから　伊勢英子
カザルスへの旅　伊勢英子
気分はおすわりの日　伊勢英子文・絵
ソムリエ世界一 田崎真也物語　重金敦之
銀座 名バーテンダー物語　伊藤精介
釣魚礼讃　盛川　宏
釣魚極楽帖　盛川　宏

釣遊記　盛川　宏
天使のリール　喜多嶋隆
海のラクダ　門田　修
清貧の食卓　山本容朗
すしの美味しい話　中山　幹
魚派列島 にっぽん雑魚紀行　甲斐崎圭
モロッコへ行こう カラー版　池田あきこ
英国とアイルランドの田舎へ行こう　池田あきこ
海の往還記　泉　秀樹
隣の国で考えたこと　岡崎久彦
ベトナム難民少女の十年　トラン・ゴク・ラン 吹浦忠正構成
ショスタコーヴィチの証言　S・ヴォルコフ編 水野忠夫訳
スペイン戦争―ファシズムと人民戦線　斉藤　孝
インカ帝国探検記　増田義郎
太陽と月の神殿―古代アメリカ文明の発見　増田義郎
曠野から アフリカで考える　川田順造
大原總一郎―へこたれない理想主義者　井上太郎
ある昭和史　色川大吉
チベット遠征　S・ヘディン 金子民雄訳
チベット潜行十年　木村肥佐生

チベットわが祖国―ダライ・ラマ自叙伝　ダライ・ラマ 木村肥佐生訳
遊牧の世界　松原正毅
中国ペガソス列伝　中野美代子
三蔵法師　中野美代子
世紀末中国のかわら版　中野美代子 武田雅哉編訳
改版 維摩経　長尾雅人訳注
くらしのなかの仏教　橋本峰雄
入唐求法巡礼行記　圓仁 深谷憲一訳
密教 インドから日本への伝承　松長有慶
理趣経　松長有慶
密教とはなにか　松長有慶
空海入門　ひろさちや
新釈尊物語　ひろさちや
仏の教え ビーイング・ピース　ティク・ナット・ハン 棚橋一晃訳
イチロー物語　佐藤　健
サンスクリット原典全訳 マヌ法典　渡瀬信之訳
ガンジー自伝　ガンジー 蠟山芳郎訳
完訳 バガヴァッド・ギーター　鎧　淳訳
インド思想史　J・ゴンダ 鎧　淳訳
インドの光―聖ラーマクリシュナの生涯　田中嫺玉